EVROPA

HANS MELDERIS

# Raum – Zeit – Mythos

*Richard Wagner*
*und die modernen*
*Naturwissenschaften*

EUROPÄISCHE VERLAGSANSTALT

*Inhalt*

*»Die Musik ist gewissermaßen die Welt*
*in Tönen, so wie die Welt auch als*
*verkörperte Musik angesehen werden kann.«*

ARTHUR SCHOPENHAUER

# Einleitung

Raum und Zeit –»ein verfluchtes Thema« hat es Richard Wagner einmal genannt. Im *Ring* verbindet er es dann mit einem Weltschöpfungsmythos, im *Parsifal* mit einem Welterlösungsmythos. Auch für die modernen Naturwissenschaften war es ein »verfluchtes Thema«, bis Albert Einstein es, zu Beginn des 20. Jahrhunderts, in einem kühnen Gedankenansatz erlöste. Vorher war alles einfach gewesen: Den Erkenntnissen der Physiker und der Philosophen zufolge war die Welt ein Uhrwerk, das Gott aufgezogen hatte und dessen harmonische Mechanik der Mensch erkennen und beschreiben durfte. Zu Beginn des 19. Jahrhunderts deutete sich ein Wandel an: Das vermeintlich feste Gefüge des Uhrwerks, gegründet in Raum, Zeit und Kausalität, dem Gesetz von Ursache und Wirkung, wurde aufgebrochen, zuerst in der Literatur, dann in der Physik. Wagner griff das Thema auf und ging in *Parsifal* so weit, eine Verwandlung von Zeit in Raum vorzustellen. Damit nimmt die Kunst Erkenntnisse der modernen Physik auf erstaunliche Weise vorweg.

Der Wandel vollzog sich zunächst in der klassischen Literatur, exemplarisch dargestellt im zweiten Teil von Goethes *Faust*, dann fast ein Jahrhundert später in der klassischen Physik. In *Faust* wird die aristotelische Einheit von Raum und Zeit endgültig aufgehoben; es kommt zu einer surrealen Schichtung der Räume, Zeiten und Erzählperspektiven. Die dramatische Abfolge ist nicht mehr kausal. In bewundernswerter Kühnheit durchmißt der fast 80jährige Goethe in *Der Tragödie zweitem Teil* die Räume und Zeiten der bekannten Welt. Die Relativität von Raum und Zeit wird dramatisch vorgestellt. Die Zeitsprünge in den Dramen Shakespeares und im *Ring* und *Parsifal* wirken dagegen harmlos. Wie im *Ring* die Versammlung der germanischen Götter, so stellt in der »Klassischen Walpurgisnacht« die Versammlung der antiken Geister die Überzeitlichkeit des Zeitlichen, die Wiederbelebung des Vergangenen dar.

Richard Wagner muß bei seiner wiederholten Lektüre von *Faust II* die Musikalität, die beispielsweise in der »Klassischen Walpurgisnacht« liegt, gespürt haben. Die verschiedenen Gestalten in den »Felsenbuchten des Ägäischen Meers«, Sirenen, Nereiden, Proteus, die Doriden, haben ihre eigenen Töne und Rhythmen. Es erklingen Fünftakter, Viertakter, Dreitakter, manche Partien sind daktylisch. Alles ist musikalisch gedacht und angelegt. So heißt es von den Sirenen, »singend« und »wiederholt als Allgesang«. Der Fülle der Klänge entspricht die Fülle der Bilder. Die Theater konnten zu Goethes Zeiten viele Szenen des *Faust*, ebenso wie zu Wagners Zeiten viele im *Ring*, eigentlich nicht angemessen realisieren. Eine Tatsache, die Richard Wagner 1876, nach der Uraufführung des gesamten *Ringes* in Bayreuth, schmerzlich bewußt wurde.

Arthur Schopenhauer behandelt, ebenfalls zu Beginn des 19. Jahrhunderts (1819), die Problematik von Raum, Zeit und Kausalität in seinem philosophischen Hauptwerk *Die Welt als*

*Wille und Vorstellung.* Richard Wagner, von Schopenhauer stark beeinflußt, beschäftigte sich immer wieder mit diesem Thema. Die Musik war für ihn das Medium der Bewegung, mit dem er die Verwandlung von Zeit in Raum andeutete und die Kausalität hinterfragte. Das »Bühnenweihfestspiel« hatte mit der physikalischen Wirklichkeit, wie die Naturwissenschaften sie beschrieben, zunächst wenig zu tun. Amfortas Leiden, Kundrys Kuß, Parsifals Torheit und schließlich die Welterlösung durch Mitleid sind ohne Zweifel die zentralen Themen des *Parsifal.* Zugleich aber nimmt die Kunst im 19. Jahrhundert Erkenntnisse der modernen Physik auf erstaunliche Weise vorweg. Liegt das an der Sensibilität des Künstlers für die tieferen Schichten der Wirklichkeit? Oder an der geheimen Verwandtschaft von Kunst und Naturwissenschaft?

Die Wechselbeziehungen und geheimen Identitäten von Kunst und Naturwissenschaft bei der Beschreibung von Wirklichkeit deutet der Nobelpreisträger Werner Heisenberg, einer der bedeutendsten theoretischen Physiker des 20. Jahrhunderts, an, wenn er schreibt:

»Der Kunststil entsteht aus dem Wechselspiel zwischen der Welt und uns selbst oder genauer zwischen dem Geist der Zeit und dem Künstler. Der Geist der Zeit ist wahrscheinlich ein ebenso objektives Faktum wie irgendeine Tatsache der Naturwissenschaft, und dieser Geist bringt gewisse Züge der Welt zum Vorschein, die selbst von der Zeit unabhängig sind und in diesem Sinne als ewig bezeichnet werden können. Daher sind die beiden Prozesse in Wissenschaft und Kunst nicht allzu verschieden. Wissenschaft und Kunst bilden im Laufe der Jahrhunderte eine menschliche Sprache, in der wir über die entfernteren Teile der Wirklichkeit sprechen können; und die zusammenhängenden Begriffssysteme sind ebenso wie die verschiedenen Kunststile gewissermaßen nur verschiedene

Worte oder Wortgruppen in dieser Sprache.«[1] Die »entfernteren Teile der Wirklichkeit« entsprechen der Welt des Allergrößten und des Allerkleinsten, die Relativitäts- und Quantentheorie beschreiben. Wissenschaft und Kunst aber werden von Heisenberg in einem Atemzug genannt. Schon Georg Wilhelm Hegel hatte 1806 in seinem Entwurf der Maximen des *Journals der deutschen Literatur* ebenfalls die »Beförderung der wissenschaftlichen und ästhetischen Bildung, durch Kritik der in Deutschland herauskommenden neuen Schriften, welche Wissenschaft und Kunst betreffen«, angeregt.

Ein Vierteljahrhundert nach Wagner beschäftigte sich Albert Einstein mit der *Elektrodynamik bewegter Körper* und stieß dabei gleichfalls auf die Raum-Zeit-Problematik. Raum und Zeit sind, wie er beweisen konnte, gar keine absoluten Größen, und unter bestimmten Umständen können sie sich ineinander verwandeln, und absolute Ruhe ist eine Fiktion. Einstein zeigte, daß die Bewegung einmal raumartig und ein anderes Mal zeitartig sein kann, ganz so, wie Wagner es im *Parsifal* angedeutet hatte: »Ich schreite kaum, – / doch wähn' ich mich schon weit. / Du siehst, mein Sohn, / zum Raum wird hier die Zeit.«

Im *Ring des Nibelungen* stellt Wagner nicht nur mythisch-archetypische Personen und Verhaltensweisen vor, sondern er beschreibt die Welt als Ganzheit. Dabei kommt er auf einen allerersten Urbeginn aus dem Nichts eines musikalischen Kosmos. Die so entstandene Welt eilt dem Untergang entgegen. Diese Entwicklung gestaltet er als ständige Bewegung mittels der Musik als Medium und einer neuen Kompositionstechnik, der unendlichen Melodie. Jahrzehnte später kann die moderne Kosmologie als unmittelbare Konsequenz der Einsteinschen Relativitätstheorie zeigen, daß auch die physikalische Welt aus einem einfachen Urbeginn – aus dem Nichts – entstanden ist. Grundlage dieser physikalischen Welt ist in der modernen Kosmologie ebenfalls die Bewegung.

Auch die Kausalität, das Prinzip von Ursache und Wirkung, wird von Wagner, im Anschluß an Schopenhauer, immer wieder beleuchtet und hinterfragt. So spricht er einmal gegenüber seiner Frau Cosima von der »Befangenheit unserer Vorstellungen von Raum, Zeit und Kausalität«. Später zeigt die Quantenmechanik, daß für bestimmte Bereiche der physikalischen Welt die strenge Kausalität nicht mehr gilt.

Wagners *Ring* wird, insofern er die Welt als Ganze von ihrem Anfang bis zu ihrem Ende beschreibt und den Grundstrukturen und Verflechtungen der sie bevölkernden Lebewesen nachspürt, zum Schöpfungsmythos. Für Wagner typisch ist, daß seine neue Mythologie »ihr innovatorisches Potential im Rückgriff auf die alte Mythologie gewinnt«.[2]

Auch das von der modernen Naturwissenschaft entworfene Bild der Welt enthält, wie das Kunstwerk, grundlegende ästhetische Aspekte. Die moderne Kosmologie wiederholt, indem sie das Universum mit Anfang, Entwicklung und Ende beschreibt, die mythologischen Anschauungen vom Weltkörper als Ganzem.

Selbstverständlich hat Wagner diese Zusammenhänge nicht physikalisch verstanden. Mit dem Hinweis auf die Analogien will ich nicht behaupten, daß der *Ring* ein physikalischer Kosmos und der physikalische Kosmos ein musikalisches Kunstwerk ist, wohl aber, daß die künstlerischen und die naturwissenschaftlichen Vorstellungen von der Welt zu vergleichbaren Ergebnissen kommen. Diese Konvergenz und Überschneidung der Grundanschauungen in sonst unterschiedlich arbeitenden und argumentierenden Bereichen mag überraschend sein, sie hatte für mich einen entdeckerischen Reiz. Nach einer Einführung in den gesamten Themenbereich werde ich die naturwissenschaftlichen Aspekte im *Ring*-Mythos und in der Gedankenwelt des *Parsifal* aufzeigen und mit einer Darstellung der ästhetischen, geschichtlichen und mythologischen Aspekte in der modernen Naturwissenschaft schließen.

Die »Elendigkeiten des Opern- und Theaterwesens« der eigenen Zeit veranlaßten Richard Wagner, nach einer neuen Kunstform zu suchen. Sie führten ihn, im Rückgriff auf die alte Mythologie, zu einem neuen Kunstmythos, den er als Gesamtkunstwerk verstand. Die griechische Antike fand in der Verbindung von Kunst und Wissenschaft, bei Pythagoras besonders von Musik und Mathematik, einen verbindlichen Mythos. Das Gesamtkunstwerk, wie Wagner es verstand, sollte diesen griechischen Gedanken neu beleben. Der ahnungsvolle Vorgriff auf physikalische Erkenntnisse des 20. Jahrhunderts beweist erneut die enge Verwandtschaft von Musik und Mathematik, wie sie für die Pythagoreer selbstverständlich war.

Die Lehre von der Weltharmonie der Pythagoreer ging davon aus, daß der Kosmos ein Harmoniegefüge musikalisch erlebbarer Naturgesetze sei. Johannes Kepler, der als erster die exakten Planetenbahnen um die Sonne berechnen und darstellen konnte, griff zu Beginn des 17. Jahrhunderts diesen Gedanken in seiner *Weltharmonik* (Harmonices mundi) wieder auf. Die *Weltharmonik* mit ihren Notenbeispielen gleicht einem Lehrbuch der Musiktheorie. Er fand in den Planetenbahnen »akustische« Gesetze und stellte so eine kosmische Musiktheorie auf. Die Verbindung zwischen Naturwissenschaft und Kunst war evident. Das Weltall war für ihn erfüllt von Sphärenklängen, und die harmonischen Gesetze der Musik spiegelten nur die harmonischen Bewegungsgesetze der Himmelskörper wider. In der Huldigungsadresse zum *Weltgeheimnis* (Mysterium cosmographicum) spricht er von den »nach Pythagoras und Kopernikus verfertigten Planetensphären«.

Der Tübinger Philosoph Manfred Frank deutet die heutige »Sinnkrise« auch als Legitimationskrise des Gemeinwesens. Sie hat ihre Ursache in der europäischen Aufklärung, die für »den Tod des Mythos als oberste Wertbasis der Daseinsorientierung aufzukommen hat«.[3] Eine Verbindung von Wagners Kunstmythos mit der modernen Naturwissenschaft, in der man das bedeutendste Kind der europäischen Aufklärung sehen kann, ist dann ein Beitrag zu einem neuen Verständnis der Welt und zur Überwindung der »Sinnkrise«. Frank spricht in diesem Zusammenhang von einer »Neuen Mythologie der Vernunft«.

Richard Wagner mit den modernen Naturwissenschaften zu verbinden, erscheint auch dann als sinnvoll, wenn man sich vor Augen führt, daß beider Ziel eine Weltdeutung ist. Dabei handelt es sich jeweils um eine neue Weltanschauung nach dem Zusammenbruch einer ästhetisch-politischen, wie sie Wagner um die Mitte des 19. Jahrhunderts erlebte, und einer physikalisch-naturwissenschaftlichen, wie sie das frühe 20. Jahrhundert zur Kenntnis nehmen mußte. Die Weltbilder, die entworfen werden, sind sich in ihren Grundzügen sehr ähnlich. Sie unterliegen festen Gesetzmäßigkeiten, ästhetischen Grundanschauungen und analogen zeitlichen Beziehungen.

In den ersten Maitagen des Jahres 1849 sah Richard Wagner das alte Opernhaus zu Dresden, wo er wenige Wochen zuvor die Aufführung der Neunten Symphonie von Beethoven dirigiert hatte, in Flammen aufgehen. Hier hatte er 1842 mit der Uraufführung seines *Rienzi* so unerhörten Erfolg gehabt, daß er zum »Königlich Sächsischen Kapellmeister« ernannt worden war. Als Beteiligter an der sächsischen Revolution steckbrieflich gesucht, war er mit gefälschtem Paß in die Schweiz geflohen, um von dort nach Paris weiterzureisen. Der Revolution soeben nach Zürich entkommen, las er noch am selben Tag bei einer »Abendzusammenkunft« seine Dichtung *Siegfrieds Tod* vor, die spätere *Götterdämmerung* und Keimzelle des *Rings*. Der außerordentliche Erfolg dieser Lesung, so behauptete Wagner später, habe ihm zu einem vollgültigen eidgenössischen Paß durch den Zürcher Staatsschreiber Dr. Jakob Sulzer verholfen. Revolution und *Ring* waren von Anbeginn miteinander verbunden.

Schon vor Ausbruch der Revolution war Wagner in Dresden häufig mit dem russischen Anarchisten Michael Bakunin zusammengekommen. In der Autobiographie *Mein Leben* beschreibt er ihn als einen merkwürdigen Menschen, in dem »eine völlig kulturfeindliche Wildheit mit der Forderung des reinsten Ideals der Menschlichkeit sich berührte«. Diese Beschreibung deckt sich auffällig mit der Vorstellung, die er von seinem tragischen Helden Siegfried hatte. Und nur um das von den Göttern auferlegte Schicksal ging es zunächst in *Siegfrieds Tod*.

Während die politische Revolution von 1848/49 in Deutschland mehr oder weniger scheiterte, wurde *Siegfrieds Tod* für Richard Wagner auch zur Keimzelle einer ästhetisch-künstlerischen Revolution. Sein Ziel war, dem »Schlendrian« und den »Elendigkeiten« des Opernwesens seiner Zeit ein revolutionäres Beispiel entgegenzusetzen.

Was als »große tragische Oper« und »Heldendrama« konzipiert war, geriet während der jahrelangen Ausarbeitung zum Gesamtkunstwerk, zu einem neuen Mythos. Er erkannte sehr bald, daß der große dramatische Augenblick und die Verständlichkeit der Handlung in *Siegfrieds Tod* eine Vergangenheit, die Vorgeschichte *Der junge Siegfried*, erforderlich machten und daß dieser wiederum eine Vorvergangenheit, *Die Walküre*, vorausgehen mußte, bis er schließlich zum *Rheingold* zurückging. Um das tragische Geschehen der Gegenwart verständlich zu machen, schrieb er sich im Krebsgang an den Anfang zurück. Aber dieser Anfang wurde im langen Schaffensprozeß, der der Komposition vorausging, nicht mehr allein zum Anfang des Heldendramas, sondern zum Uranfang allen Geschehens und der Welt überhaupt. In der Komposition begann er konsequent mit dem Uranfang, einem Urklang. Dieser Uranfang stellt eine entscheidende Analogie zur modernen Naturwissenschaft her, die ihrerseits auf einen Uranfang stieß, indem sie in die Vergangenheit zurückging. Der ursprüngliche Kunstmythos wird zum Schöpfungsmythos, wie ihn die moderne Kosmologie beschreibt. Selbstverständlich hat jede Oper, jedes musikalische Werk, einen Anfang, aber in Wagners Tetralogie wird daraus – wie ich meine – bewußt der Uranfang der Welt. Und darin liegt die unübersehbare Beziehung zur modernen Kosmologie.

Die Gegenwart des großen theatralischen Augenblicks wird erst verständlich durch Geschichte, das auf dem langen Atem der Zeit Erzählte, durch Mythos. Die Erzählung des Heldendramas im Stil der tragischen Oper gerät in der Verbindung von Uranfang und Weltende zum Weltenmythos.

Wenn es aber einen Uranfang der Welt gibt und eine Entwicklung bis zur Jetztzeit, dann muß es, nach Wagners fester Überzeugung, auch ein Ende geben. Die Gesetzmäßigkeiten, die dem Weltgeschehen zugrunde liegen, führen zugleich das Ende herbei. Der musikalische wie der physikalische Kosmos müssen aufgrund innerer Gesetzmäßigkeiten, die entscheidend mit dem Ablauf der Zeit und dem Verhältnis von Ordnung und Unordnung zu tun haben, vergehen. Die um 1865, fast zeitgleich mit der Entstehungsgeschichte des *Rings*, von dem deutschen Physiker Rudolph Clausius (1822–1888) entdeckte Entropie, als Maß für die Menge an Unordnung im Universum, beweist physikalisch, daß die Welt auf einen

Untergang zuführen muß. Ich werde auf diese Parallele ausführlich eingehen.

Die Auflösung der künstlerischen und religiösen Grundlagen um 1848/49 führte Wagner ebenso zu einem neuen Weltbild, wie die Auflösung der klassisch-naturwissenschaftlichen Grundlagen zu Beginn des 20. Jahrhunderts die Neuzeit zu einem neuen Weltverständnis führte. Aus der Kritik an der mechanistischen Physik des 19. Jahrhunderts entsteht ein neues naturwissenschaftliches Weltbild. Die naturwissenschaftliche neue Sicht führte zu einem modernen Naturmythos, der, wie bei Werner Heisenberg, die Natur wieder mit der Kunst verbindet; die künstlerische Revolution führte zu einem neuen Kunstmythos, der die Kunst, wie in der Antike, wieder mit der Naturwissenschaft verbindet. Das Verbindende liegt in der Überzeugung, daß die eigentliche Sinnfrage in beiden Fällen eine metaphysische Antwort verlangt. Die künstlerisch-intellektuelle Weltdeutung und die naturwissenschaftlich-intellektuelle unterscheiden sich durch den Ansatz und die Mittel der Erkenntnis, im Ergebnis sind sie verwandt.

Ausgehend von den Erkenntnissen der Astrophysik, findet die moderne Naturwissenschaft den Weltanfang: Sie entdeckt den Urknall. Der Urknall ist der Mythos der modernen Naturwissenschaften. Uranfang, Entwicklung und Ende bilden das mythologische Zeitschema für Wagners Kunstmythos ebenso wie für die modernen Naturwissenschaften. Auch der antike Mythos beschrieb immer einen Anfang, eine Heimat als Ursprung, und das Menschenleben bewegte sich unaufhaltsam auf ein Ziel zu. Der Ausgangspunkt ist immer schon verloren, und das Ziel wird nicht lebend erreicht. Die moderne Naturwissenschaft begründet das mit der Entropie und spricht von einem Zeitpfeil.

Die neuzeitliche Naturwissenschaft, das profanste Kind der

Aufklärung, führte zur Zerstörung des antiken Naturmythos. In der *Dialektik der Aufklärung* weisen Horkheimer und Adorno nach, daß die Aufklärung, die den Mythos liquidieren wollte, ihn in anderer Form wiedereinführte. Auch die moderne Naturwissenschaft etabliert, durch den Glauben an eine mathematische »Weltformel« und den zeitlichen »Uranfang« der Welt, einen Mythos. Was im Naturmythos widerrufen werden soll, ist selber Mythos. Ebenso ersetzt der Kunstmythos im musikalischen Gesamtkunstwerk Richard Wagners den sakralen durch einen profanen Mythos.

Es ist für eine dialektische Zusammenschau von Musik und Naturwissenschaft progammatisch, daß Alexander von Humboldt seine öffentlichen Vorlesungen über physische Weltbeschreibung, aus denen sein Hauptwerk *Kosmos. Entwurf einer physischen Weltbeschreibung* hervorging, in der Berliner Singakademie hielt.

In der hier beschriebenen Zusammenschau gewinnen mythische Requisiten wie der Tarnhelm, die Fähigkeit zur Überwindung großer Raum- und Zeitdistanzen, ja, selbst die Verwandlung von Zeit in Raum und der Anfang der Welt eine erweiterte Dimension. Sie sind nicht mehr allein Reminiszenzen einer mythischen Fixierung, sondern der sichtbare Ausdruck einer differenzierteren Betrachtung von Raum, Zeit und Kausalität in Kunst und Naturwissenschaft.

Mythos im Sinne von Wort, Dichtung oder Sage war ursprünglich eine als zeitlose Gegenwart erscheinende Aussage über die Zusammenhänge der Welt und die menschliche Existenz, eine rational nicht beweisbare Aussage über Göttliches mit Anspruch auf Wahrheit. Die zeitlose Gegenwart innerhalb einer göttlichen Ordnung wurde als sakrale Zeit der profanen Zeit alltäglicher Verrichtungen gegenübergestellt. Schon der Mythos unterschied zwischen verschiedenen Zeitsystemen, wie es später durch die Relativitätstheorie selbstverständlich werden sollte. In der ursprünglich religiösen Bindung erfährt der Mensch im Mythos die ewige Einheit, in die er sich einfügt. Der Mythos ist der ordnungsstiftende Bezug im gesamten Weltgeschehen. Wenn aber in der Aufklärung, an der Zeitenwende vom Sakralen zum Profanen, diese allumfassende göttliche Urbeziehung wegfällt, dann tritt Kunst in Erscheinung, der ursprüngliche Mythos wird zum Kunstmythos. Diese Erkenntnis schützt vor einer Verwechslung zwischen religiösen und künstlerischen Werken. *Parsifal* ist ein Kunstmythos, aber kein Religionssurrogat. »Schauspiel der Religion, Religion des Schauspiels«, nennt Pierre Boulez es. Ernest Newman beschreibt in *Wagner als Mensch und Künstler* diese Schwierigkeit, wenn Parsifal als Bühnenfigur »das Zentrum eines quasi religiösen Rituals wird, das für viele Menschen lange aufgehört hat, eine Bedeutung zu haben«.

Die Naturphilosophie von Aristoteles bis zum Ausgang des Mittelalters war mythisch fundiert: war Naturmythos. Mit der seit Galilei beginnenden Profanisierung wurde sie kalkulierbares Kunstwerk: Naturwissenschaft. Kunstmythos und Naturwissenschaft, losgelöst von einer ursprünglich heiligen Ordnung, haben ein gemeinsames Ziel: das natürlich Seiende, die endliche Wirklichkeit zu einer umfassenden, zeitenthobenen Wirklichkeit zu überhöhen. Der Kunst fällt eine neue Funktion zu, sie übernimmt die Aufgabe des Mythos.

In diesem Sinne vergleiche ich den Kunstmythos Richard Wagners, den er im *Ring des Nibelungen* und im *Parsifal* entwickelt, mit den modernen Naturwissenschaften und zeige, daß die modernen Naturwissenschaften ästhetische und zeitliche Beziehungen zum Kunstmythos aufweisen. Kunstmythos und Naturwissenschaft können nicht mehr als Gegensätze aufgefaßt werden, weil die Welt als Ganzheit nur metaphysisch zu denken ist. In der *Dialektik der Aufklärung* heißt es, daß Massenproduktion und Massenkonsum die »Metaphysik stumpfsinnig liquidiert«[4] hätten, um im gesellschaftlichen Ganzen selbst zur Metaphysik zu werden.

Mythos ist das ordnende Prinzip, das aus der Mannigfaltigkeit aller »natürlichen« Phänomene eine ursprüngliche und allumfassende Einheit bildet, einen vollkommenen Kosmos. Auch die Naturwissenschaften suchen zu erforschen, was die Welt im Innersten zusammenhält, wollen den vollkommenen Kosmos erklären. Auf die Zeit bezogen, stellt der Mythos ein Geschehen dar, wie es sich in einem ursprünglichen und urzeitlichen Augenblick, einer heiligen Zeitspanne, ereignet hat. Diese Grundlagen teilt der Mythos mit der modernen Kosmologie. Die vom Mythos erkannte göttliche Ordnung gilt es zu beschreiben und zu deuten. Kunstmythos und Naturwissenschaft setzen die Grundlagen für die Deutung der Welt. Beide gehen von einer kosmischen Ordnung und Ästhetik aus. Der Mensch versucht, auf diese Weise die Welt umfassend zu begreifen. Kunstmythos und Naturwissenschaft verbindet die Überzeugung, daß eine umfassende Deutung möglich sei. Bei aller Unterschiedlichkeit des Wissens und der Erkenntnis-Methodik geht der Kunstmythos davon aus, daß die Welt mit den Mitteln der Kunst, und die Naturwissenschaft, daß sie mit den Mitteln des naturwissenschaftlichen Experimentes widerzuspiegeln sei. Der Kunstmythos ist Teil einer Weltordnung, dessen notwendige Ergänzung die Naturwissenschaft darstellt.

»Wir wollen reden über die Dichtkunst selbst und von ihren Gattungen, welche Wirkung eine jede hat und wie man die Handlungen (Mythen) zusammenfügen muß, wenn die Dichtung (Poiesis) schön sein soll«[5], sagt Aristoteles, d. h. die Poetik soll ein Etwas vom Zustand des Nichtseins in den des Seins hinüberführen (poiesis); damit wird die Kunst zum Schöpfungsmythos, und die Eigenschaft »schön« kommt ihr erst zu, wenn es gelingt, Mythen zusammenzuführen. In den Mythos, bei dichterischen Werken Epos und Tragödie, bezieht Aristoteles ausdrücklich auch die Musik ein.

Der Wagnersche Kunstmythos als »Gesamtkunstwerk« erfüllt alle Forderungen der *Poetik* des Aristoteles, der sich bei der Bestimmung der Tragödie auf sechs Bestandteile bezieht: Szenerie oder Bühnenbild (kosmos opseos), Gesang (melopoiia), metrische Rede, Ethos der Charaktere, Ideen und schließlich den Mythos. »Daher sind«, sagt Aristoteles, »die Geschehnisse und der Mythos das Ziel der Tragödie.«[6] Im *Ring des Nibelungen* sind die aristotelischen Forderungen in idealer Weise erfüllt. Friedrich Nietzsche bezieht sich auch auf diesen Zusammenhang, wenn er seine Schrift *Die Geburt der Tragödie aus dem Geiste der Musik* Richard Wagner widmet.

Das moderne Musiktheater muß daher, wenn es einen Beitrag zur Weltdeutung leisten will, nicht nur moderne Inszenierungsformen zulassen, sondern auch den Kunstmythos mit den Erkenntnissen der modernen Naturwissenschaft, dem Mythos des 21. Jahrhunderts, konfrontieren. Das vorliegende Buch ist der Versuch einer Konfrontation von Richard Wagners Kunstmythos mit der Naturwissenschaft. Eine Teilbeschreibung der Wirklichkeit allein reicht nicht mehr aus, denn »Menschen werden zu Rationalisten, weil sie sich mit einem kleinen Teil der Wirklichkeit begnügen«.[7] Kunstmythos wird hier als bewußt künstlerisch gestalteter Mythos verstanden und nicht nur als »Mythos der Kunst, der auch das Pathos der Wagnerschen Musik mitbestimmt und der der eigentliche Gegenstand des Bayreuther Kultes ist«, wie es *Riemanns Musik Lexikon* definiert.[8]

Richard Wagner verbindet den Mythos in einzigartiger Weise mit der Kunst, um das Weltganze zu erklären. »Weltmythos aus den Mythen« und »Wagner als konsequenter und umfassender Mythenmacher hat einen Weltmythos angestrebt«, heißt es daher zum *Ring des Nibelungen* im *Wagnerhandbuch* von Ulrich Müller und Peter Wapnewski. Die naturwissenschaftlichen Elemente im »neu erzählten Mythos«[9], im Kunstmythos, sollen hier zusammenhängend aufgezeigt werden.

# ERSTER TEIL

# Mythos und künstlerische Weltdeutung

## Schöpfungsmythen in der Naturwissenschaft

Seit den frühen Hochkulturen denken die Menschen über die Entstehung der Welt nach. Die Vermutungen, die sie darüber anstellen, finden in den Mythen ihren Niederschlag. Das Verlangen, die Geschichte der Welt bis zu ihren Anfängen zurückzuverfolgen, ist unwiderstehlich. In seiner ersten großen naturphilosophischen Arbeit, *Allgemeine Naturgeschichte und Theorie des Himmels oder Versuch von der Verfassung und dem mechanischen Ursprunge des ganzen Weltgebäudes nach Newtonischen Grundsätzen abgehandelt*, stellt Immanuel Kant 1755 fest, daß »unter allen Naturdingen, deren erste Ursache man nachforschet, der Ursprung des Weltsystems und die Erzeugung der Himmelskörper«[1] sei, und im 9. Kapitel von *Wilhelm Meisters Wanderjahre* schreibt Goethe 1821, »da war von nichts Geringerem die Rede als von der Erschaffung und Entstehung der Welt«. Aber nicht nur der Mensch der Aufklärung, sondern auch »der postrevolutionäre Mensch, dessen Ordnungssysteme aus den Fugen geraten scheinen, fragt nach sich selbst in seinem Verhältnis zum Kosmos«.[2] Dieser Satz findet sich in einem Werk von Sven Friedrich, dem Direktor des Richard Wagner Museums, Bayreuth, mit dem Titel: *Zur Ästhetik von Richard Wagners Musiktheater-Utopie*. Max Born, einer der führenden Naturwissenschaftler des 20. Jahrhunderts und Mitbegründer der Quantenmechanik, schreibt in seiner Studie über die *Relativitätstheorie Einsteins*:»Vom Himmel erhielten die Menschen das Maß, Vergangenheit, Gegenwart und Zukunft zu scheiden und jedem Ding seinen Platz in der Zeit zu weisen.«[3] Schöpfungsmythen strukturieren und ordnen den unaufhaltsamen Fluß der Zeit, weisen jedem Ding seinen Platz zu und erzählen die Geschichte vom Anfang der Welt und des Menschen. Auch Kunst und Naturwissenschaft strukturieren und ordnen das zeitliche Geschehen, wenn auch mit unterschiedlichen Mitteln. Sie prägen dem Chaos der Eindrücke eine Ordnung auf, ordnen Wirklichkeit zur Welt. Igor Strawinsky geht so weit zu behaupten, die einzige Funktion der Musik bestünde darin,»den Fluß der Zeit zu strukturieren und eine Ordnung herzustellen: Musik ist die Kunst der Verwandlung von Zeit«.[4] Der Dirigent und Musikwissenschaftler Alfred Lorenz spricht in seinem Buch *Musikalischer Aufbau des Bühnenfestspiels ›Der Ring des Nibelungen‹* davon, daß»Form in der Musik, die im Medium der Zeit vor sich geht, durch Erfühlen zeitlicher Caesuren erkannt wird«.[5] Die großen Einsichten der Naturwissenschaften beruhen auf der Systematisierung oder Vereinheitlichung von Phänomenen, die zuvor keine Ordnung erkennen ließen. Kunst und Naturwissenschaften versuchen eine Beschreibung der Wirklichkeit. Die Naturwissenschaften bestätigten im 20. Jahrhundert die alte Erkenntnis, daß Wahrheit, Schönheit und Wirklichkeit zusammengehören und daß dem Subjekt, im naturwissenschaftlichen Experiment wie in der Kunst, eine entscheidende Rolle zufällt.

In der Zusammenschau von Schöpfungsmythos und Gesamtkunstwerk Parallelen mit der Kosmologie und der Relativitätstheorie zu sehen, läßt sich auch aus der Erkenntnis ableiten, daß in den ersten Augenblicken der astrophysikalischen Weltschöpfung beide Theorien noch vereint sein müssen. Da das gesamte Universum im Augenblick der Schöpfung die Größe eines Atoms hatte, müssen hier die Gesetze der Relativitäts- und Quantentheorie für das All zusammenfallen. Ursprünglich bedeutet Kosmologie Welterkenntnis im weitesten Sinn. Der Begriff bezeichnet seit Edwin Hubbles Entdeckung der allgemeinen Galaxienflucht die Erforschung des beobachtbaren Universums in seiner Gesamtheit. Für das weitere Verständnis muß auf die gelegentliche Unterscheidung von »Kosmologie«, der Wissenschaft von der Struktur des Kosmos, und »Kosmogonie«, der Wissenschaft von der Entstehung des Kosmos, hingewiesen werden. Entstehung und Struktur des Kosmos sind aber derart voneinander abhängig und ineinander verwoben, daß eine strenge Trennung der Begriffe bisweilen gar nicht möglich ist. Im populärwissenschaftlichen Diskurs scheint sich der Terminus »Kosmologie« für beide Bereiche durchzusetzen. Richard Wagner benutzt den Begriff »Kosmogonie«, bezeichnenderweise während der Komposition des *Parsifal*, in unmittelbarer Verbindung mit indischer und christlicher Weisheit, eben mit »allem«: »Abends Freund Wolzogen, mit welchem alles durchgesprochen wird; Kosmogonie, indische und christliche Weisheit, alles!−«[6]

Ein musikalisches Werk als Beispiel für einen exemplarischen Kunstmythos zu untersuchen, bietet sich an, weil es zwar Kulturen ohne Malerei, ohne einfache Mathematik gegeben hat, Kulturen ohne die Erfindung des Rades oder der Schrift, aber keine Kultur ohne Musik. Alle bekannten menschlichen Kulturen haben eine mehr oder minder hochstehende

Musik entwickelt. Die Fixierung der hörbaren Welt erwies sich allerdings als wesentlich schwieriger als die Fixierung der sichtbaren Welt, wie die Höhlenmalereien beweisen; sehr viel später, im 11. Jahrhundert erst, erfand Guido von Arezzo ein Notationsverfahren, auf dem die »bildliche« Darstellung der abendländischen Musik aufbaut. Mittels abstrakter Symbole wurde die Präzision erreicht, die für eine getreue Reproduktion der Musik notwendig ist. Die Fixierung der Sprache vollzog sich historisch sehr viel früher, einige Jahrtausende vor unserer Zeitrechnung, mit der Erfindung der Schrift fast zeitgleich in Indien, Mesopotamien und Ägypten. Im Gegensatz zur Malerei ist der fixierte Ton noch kein Kunstwerk, mögen Wagners Partiturreinschriften auch kalligraphische Meisterwerke sein: Erst im Erklingen kommt das Kunstwerk zu sich. Laute und Klänge schienen das geeignete Medium, mit einer anderen Welt Verbindung aufzunehmen. Die Götter selber sprachen mittels Wind und Donner. Wenn Neptun in Claudio Monteverdis *Die Rückkehr des Odysseus ins Vaterland* Odysseus aus den Meeresstürmen rettet, schleudert er dem himmlischen Zeus die Worte entgegen: »Es ist nicht die Schuld des Menschen, wenn die Himmel donnern.« »Donnern« im Sinne von: auf den Menschen herab schimpfen. Ein Blinder konnte am Ritual teilnehmen, ein Tauber niemals. Das lateinische Wort »surdus« in der Bedeutung von »taub« oder »stumm« taucht in unserem Wort »absurd« wieder auf. Etwas, das nicht in Worte gefaßt oder gehört werden kann, ist widersinnig. Die tiefere Bedeutung der Welt offenbart sich durch Wort und Ton, daher die Antike sich den »Seher« paradoxerweise immer blind dachte.

Es ist im Zusammenhang mit einem anderen Kunstmythos, dem des *Leviathan* des englischen Philosophen Thomas Hobbes (1588–1679), im Vergleich mit Wagners Kunstmythos *Der Ring des Nibelungen* darauf hingewiesen worden, daß »der häufig behauptete Widerspruch von Mythos und Logos, von mythischem und rationalem Denken« bei Hobbes nicht zu finden sei, vielmehr eine »überraschende Unbefangenheit, mit der sich das rationalistische Kalkül seiner symbolischen Vermittlung bedient«.[7] Hobbes war fasziniert von der wissenschaftlichen Exaktheit der mathematischen Methode, die er auf seinen politischen Kunstmythos anwendete. Für die Naturwissenschaften ist das rationalistische Kalkül ja gerade konstituierend.

Es sollte in diesem Zusammenhang nicht übersehen werden, daß eine Entwicklung zur Rationalität, zum Kalkül also, in der politischen Geschichte der Menschheit sich bisher, wenn auch nur in sehr bescheidenem Umfang, als möglich erwiesen hat. Überwiegend scheint aber mythisches, irrationales und religiöses Denken die Geschichte der Menschheit zu bestimmen. Alles, was als irrational bezeichnet werden kann, beeinflußt das menschliche Bewußtsein immer und überall, als walte hier ein kompensatorischer Mechanismus gegen die Durchrationalisierung der Welt oder unseres Bildes von ihr. Es wird sich deshalb immer wieder ein Ausgleich herstellen zwischen der rein naturwissenschaftlichen Beschreibung und Deutung der Welt und der scheinbar irrationalen mythisch-künstlerischen. Daher ist die radikale Entgegensetzung einer rein naturwissenschaftlichen und einer rein künstlerischen Darstellung der Welt unsinnig. Natur und Kunst sind keine Gegensätze. Die Gemeinsamkeiten liegen nur nicht klar zutage. Rationalität ist ja auch nur dann vorteilhaft, wenn sie sich mit einer erklecklichen Menge an Information und Wissen verbindet. Wenn das Wissen zu lückenhaft und fragmentarisch ist, um ein rationales Weltbild aufzubauen, verläßt man sich mit mehr Gewinn auf Träume und Mythen oder auf den Glauben. Naturwissenschaft ist daher, seit Babylon und Athen, immer an Zivilisation und Verstädterung gebunden, Mythos und Kunst hingegen nicht unbedingt.

Der Begriff »Mythos« wird häufig, insbesondere in Perioden kalendarischer Zeitenwenden, überbeansprucht. Innerhalb der unterschiedlichen Weltreligionen und Weltkulturen fällt verbindlichen Zeitenwenden wenig Bedeutung zu. Die kulturelle Welt des Konfuzianismus, des Buddhismus oder des Islam würde den gegenwärtigen Zeitabschnitt – die Jahrtausendwende – wesentlich anders definieren. Gedankenlos werden so »Mythen des Alltags« geschaffen. Selbst ein so nüchterner naturwissenschaftlicher Geist wie Albert Einstein wird noch im Dezember 1999 in einer Titelgeschichte des Magazins *Der Spiegel* mit der Überschrift: »Das Gehirn des Jahrhunderts« zum Mythos: »Einstein steht für die personalisierte Wissenschaft, und wer die Person begreift, glaubt gleich das Wesen der Wissenschaft zu verstehen. Wie aber läßt sich der Mythos erklären, der einen so weit über alle anderen erhebt?«[8] Das Landesmuseum in Speyer eröffnet eine Ausstellung über die Schauspielerin Romy Schneider unter der Überschrift »Mythos Romy«. Die deutsche Übersetzung des Buches *Mythologies* von Roland Barthes, Professor am Collège de France, das sich mit dieser Mythosverflachung beschäftigt, trägt den bezeichnenden Titel: *Mythen des Alltags*. Barthes spricht von alltäglichen Gebrauchsmythen.

Die Welt des beginnenden dritten Jahrtausends mit ihrer fortschreitenden Globalisierung wird vom westlich geprägten, naturwissenschaftlich-technischen Denken beherrscht. Die Naturwissenschaften, und eben nicht Mythos oder Philosophie, haben die Grundlage für sämtliche Massenphänomene unserer Zeit geschaffen: für die Industrielle Revolution und die Kommunikationsmedien, für Massenkonsum, Modetrends und Massenvernichtungswaffen, für Massenarbeitslosigkeit und Massenvölkerwanderungen. Dem globalen Massenphänomen liegt die Fähigkeit zum rationalen Denken und der Umstand zugrunde, daß große Bereiche der Welt technischer Rationalität zugänglich sind. Die *Mythen des Alltags* zeigen jedoch, daß auch der moderne Mensch wesentlich mythisch denkt und eben nicht allein rational bestimmt ist. Deshalb setzte sich schon bald nach dem Zweiten Weltkrieg die Erkenntnis durch, daß »der Verlust der Mythologie eine moralische Katastrophe mit sich bringen kann« und daß »eine echte Kultur nur innerhalb eines von Mythen umstellten Horizontes«[9] möglich sei. Diesen Gedanken schrieb der Münchner Musikkritiker Paul Arthur Loos schon 1943 nieder und wandte sich damit gegen die propagandistische Mythisierung von Wagners Werk im Sinne eines nordisch-germanischen Nationalismus.

René Descartes hat in der ersten Hälfte des 17. Jahrhunderts die Welt geteilt: in einen mechanistisch-toten und einen seelisch-lebendigen Teil. Die Errungenschaften der modernen Naturwissenschaften haben dazu geführt, daß wir die ursprüngliche Verwobenheit der beiden Teile, die in der alten Naturphilosophie noch die Grundlage für Natur, Mythos und Kunst bildete, lange Zeit nicht bemerkt haben. Die dualistische Weltdeutung kann noch heute an der Teilung von Natur- und Geisteswissenschaften abgelesen werden. Die moderne Physik hat hingegen die alte erkenntnistheoretische Zweiteilung von Subjekt und Objekt aufgehoben und versucht, die Dichotomien von Geist und Materie, Seele und Körper, Freiheit und Notwendigkeit, Ordnung und Chaos zu überwinden.

In der ersten Hälfte des 17. Jahrhunderts führt Descartes in seinem Hauptwerk *Discours de la Méthode* auf der Grundlage des Zweifels und des logischen Denkens ein neues philosophisches System ein. Es führt in der Konsequenz zu einer Spaltung von Materie und Geist oder Körper und Seele. Während die antike Naturphilosophie der Griechen versucht hatte, eine Ordnung in der unendlichen Vielfalt der Dinge und Erscheinungen zu finden, indem sie nach einem einheitlichen Grundprinzip Ausschau hielt, versuchte Descartes, die Ordnung durch eine grundlegende Teilung zu bewirken. Der Einfluß der cartesianischen Spaltung auf das europäische Denken der folgenden Jahrhunderte kann kaum überschätzt werden. Die sogenannte cartesianische Spaltung war aber außerordentlich erfolgreich bei der Erforschung naturwissenschaftlicher Phänomene; sie war die Grundlage für den Wohlstand in den naturwissenschaftlich dominierten Überflußgesellschaften. Für die frühe griechische Naturphilosophie gab es keinen Grund, den Unterschied zwischen Materie und Geist oder zwischen Körper und Seele zu betonen. Diese Spaltung in der Entwicklung der Kunst und der Naturwissenschaft ist es, die in unserer heutigen Zeit überwunden werden muß.

Die klassische Physik beruhte auf der Annahme, daß man die Welt beschreiben kann, ohne die Subjektivität des Menschen einzubeziehen. Die materiellen Körper bestanden aus kleinsten Körperchen, den Atomen, und für diese galten dieselben Gesetze wie für jene: Sich selbst überlassen verharren sie in Ruhe oder gleichförmiger, geradliniger Bewegung, und sie erfahren eine Änderung der Richtung oder der Geschwindigkeit unter dem Einfluß von Schwerkräften oder des elektromagnetischen Feldes. Alles war streng determiniert und spielte sich im anschaulichen Raum ab. Die größte Vereinheitlichung brachte die Lehre von der Energie, sie wurde zum übergeordneten Begriff, alles Naturgeschehen war Ausgleich oder Umwandlung von Energie. Dieses geschlossene Weltbild der Physik mußte entweder den Materialismus oder den Deismus begünstigen. Entweder stellte die physikalische Wirklichkeit und Gesetzmäßigkeit selbst bereits die Welt dar, dann waren sinnhaltige Gebilde Produkte des Zufalls, oder sie war das Werk eines Gottes, der sie als Maschine schuf und dann sich selbst überließ. Die Grundlage des Deismus bei Naturwissenschaftlern läßt sich als »intrapsychische Distanzierung« verstehen.[10] Andererseits war eben diese Einstellung auch eine notwendige Voraussetzung für die moderne, differenzierte Betrachtung der Natur, ohne die Relativitäts- und Quantentheorie gar nicht denkbar gewesen wären.

Ihren Höhepunkt erreichte die cartesianische Spaltung im ausgehenden 19. Jahrhundert mit seiner rein mechanistischen Weltdeutung. Aber bezeichnenderweise waren es gerade diejenigen Wissenschaftler, die maßgeblich zum neuen Weltbild der Physik des 20. Jahrhunderts beigetragen haben, die die Sackgasse der mechanistischen Weltdeutung erkannten und mit einer ganz neuen Mechanik, der Quantenmechanik nämlich, die cartesianische Teilung wieder aufhoben. Auch die noch bei Newton und Kant dogmatisch festgelegten Kategorien von Raum und Zeit werden in der Relativitätstheorie hinterfragt und neu definiert. In die neue Weltdeutung fügten sich das menschliche Subjekt, der Mythos, das Irrationale und die Kunst gleichwertig mit den Naturwissenschaften wieder ein.

In den fünfziger Jahren des 20. Jahrhunderts entfachte Charles Percy Snow mit einem Vortrag im Senate House in Cambridge zum Thema *The Two Cultures and the Scientific Revolution* eine heftige Debatte in England. Er behauptete, die moderne Gesellschaft mit ihren Erziehungssystemen und ihrem intellektuellen Leben sei charakterisiert durch die Trennung zweier Geisteshaltungen oder »Kulturen«: die Geisteswissenschaften auf der einen und die Naturwissenschaften auf der anderen Seite. Er zeigte, daß diese Polarisierung auf eine lange Tradition zurückblicken kann. Unter den »zwei

Kulturen« machte er ein tiefsitzendes wechselseitiges Unverständnis aus – mit verheerenden Konsequenzen für ein umfassendes Verständnis der Welt und ihrer Probleme. So behauptete er, es sei »bizarr«, wie wenig naturwissenschaftliches Wissen des 20. Jahrhunderts von der Kunst des 20. Jahrhunderts assimiliert worden sei.[11] Er betonte, daß man das Erziehungssystem überdenken müsse, weil die Schulausbildung zu spezialisiert sei.[12] Und er stellte Überlegungen an, wie die Curricula von Schulen und Universitäten verändert werden müßten, um eine umfassende Erziehung in beiden Wissensbereichen zu erzielen.

Snow, der später mit seinen Kriminalromanen und Erzählungen berühmt wurde, begann seine Karriere als Physiker unter Lord Rutherford am berühmten Cavendish Laboratory in England. Snow artikuliert das Unbehagen an der cartesianischen Teilung der Welt, das die großen Künstler und Naturwissenschaftler des 20. Jahrhunderts in ihren Werken immer wieder zum Ausdruck gebracht haben.

## Endzeit und Uranfang im Schöpfungsmythos

Endzeitstimmung führt vielfach zu einer Besinnung auf einen Uranfang. Beides ist aufeinander bezogen. Alles, was lange Zeit mit Religion und Natur ausreichend umschrieben schien, wird in dieser Periode als mythisches Geschehen verstanden. Der ursprüngliche Mythos meint allein die Schöpfung. In diesem ausschließlichen Sinne wird das Wort Schöpfungsmythos in unserem Zusammenhang gebraucht. Wobei im Wort »Schöpfung« bezeichnenderweise auf das Wasser verwiesen wird. Damit ist die naturwissenschaftliche Erkenntnis vorweggenommen, die zeigen wird, daß Wasserstoff der Urstoff der Schöpfung im Universum ist. Am Anfang war, naturwissenschaftlich betrachtet, das Proton, der Kern des Wasserstoffatoms. Seine Verbindung mit dem lebenswichtigen Sauerstoff ergibt Wasser, in dem die Schöpfung des Lebens sich vollziehen kann. In der griechischen Mythologie ist Proteus einer der bedeutendsten Meergötter. Er zeigt sich in verschiedensten Gestalten als Abbild der ewig sich wandelnden Materie.

Die ersten Laute, die das Wasserwesen Woglinde im *Rheingold* in der Weise eines kindlichen Eiapopeia singt:»Weia! Waga!«, meinen die »geweihte Woge«. Hans von Wolzogen, erster Herausgeber der von Richard Wagner 1878 gegründeten *Bayreuther Blätter*, gibt eine etymologische Erläuterung hierzu. Er führt die Bildung »Weia Waga« auf die Worte »weih« und »wag« (mittelhochdeutsch wâc) zurück und erklärt ihren Sinn als »geweihte Woge«. Wasser ist also in Wagners »Weltschöpfungsmythos« der erste gesungene Laut nach der musikalischen Urschöpfung, gesungen von einem Wesen, das sich in den Wogen wiegt. In der »Klassischen Walpurgisnacht« des *Faust II* beginnt die Herrschaft der Liebe zugleich mit dem Anfang der Welt aus dem Wasser:»So herrsche denn Eros, der alles begonnen! / Heil dem Meere! Heil den Wogen«, vorgetragen von Sirenen, mythischen Wasserwesen, Zwittern aus Mädchen und Vogel, die Menschen durch Gesang anlokken und töten. Das Motiv des Waldvogels ist die Umkehrung des Rheintöchter-Motivs und erinnert an die mythische Doppelnatur von Vogel und Mädchen.

Bei Wagner beginnt die musikalische Einleitung mit dem Urelement der Tonkunst und seiner organischen Gestaltung zum kunstvollen Harmoniegebäude. Seine Dichtung hebt an mit dem Urelement der Sprache, den Lallworten, und deren organischer Ausgestaltung.

»Ur«anfänge spielen im *Ring* eine immer wiederkehrende Rolle. Das »Ur-Es«, das die Kontrabässe im Vorspiel zu *Rheingold* spielen, die »Urlinie« in der Musik (die musikalische Weltschöpfung), geht zurück auf eine Quelle, die eddische *Völuspa*, die mit den Worten beginnt: »Urzeit war es.« Das »*es*« als Grundton bleibt auch bei Woglindes »Weia! Waga!« liegen, so daß der As-Dur-Dreiklang der Begleitung in der Quartsextlage als spannungsvoller Vorhaltakkord vor dem wieder einsetzenden Es-Dur empfunden wird. Es ist »der ewg'en Welt / Ur-Wala, / Erda«, die am Schluß von *Rheingold*, bald nach dem Uranfang, musikalisch eindringlich eine Endzeit beschwört, wenn sie fortfährt: »Alles, was ist, endet. / Ein düst'rer Tag / dämmert den Göttern.« Die so tief- und weitsichtige »Ur-Wala« wird im zweiten Aufzug *Walküre* die »weihlich weiseste Wala« genannt, und im dritten Aufzug *Siegfried* bezeichnet Wotan sie als »Allwissende! Urweltweise!«. Die etymologische Beziehung der Urmutter Erda zu Wala läßt sich über das Hebräische mythenübergreifend verbinden. Der Name Eva im alten Testament (Genesis 3, Vers 20, hebräisch: chawwah – wala) könnte in Zusammenhang stehen mit hebräisch chajjah = Leben, weil die Buchstaben j und w in einzelnen Wörtern austauschbar sind. Eva – Wala – bedeutete dann »Leben«; sie wurde die »Mutter aller Lebenden«, die Urmutter.

Es gab noch eine andere Urmelodie, die Wagner schon sehr früh erklingen ließ und die ihn sein Leben lang begleiten sollte. Aber die war keineswegs mythisch. Es war die sehr weltliche Weise, die nach finanzieller Hilfe verlangte. Als Schulden (Aberich im zweiten Aufzug *Siegfried* zu Wotan: »Mit meinen Schätzen / zahltest du Schulden«) und Schuldverstrickung wird sie sich durch weite Teile des *Ringes* ziehen. Wagner schreibt

1840 an den später so verhaßten Komponisten Giacomo Meyer-
beer: »Mein innigst verehrter Herr und Protector! Ich strotze
von Hilfebedürftigkeit! Also will ich rasch die Saiten rauschen
und die sehr alte und so sehr bekannte Urmelodie erklingen
lassen: ›Helfen Sie mir!‹ Ihr mit Herz und Blut ewig verpflichte-
ter Untertan Richard Wagner.«[1]

Es ist das Schema von Uranfang, Entwicklung und Ende zugleich, das sich im Mythos, in der Kunst und in der Kosmologie
wiederfindet. »Der Mythos ist Anfang und Ende der Geschichte«[2], sagt Wagner in *Oper und Drama*. Auch die Götter unterliegen dem Wandel der Zeit. Wie die Menschen und alle
anderen Geschöpfe sind auch sie dem Untergang geweiht. Die
modernen Naturwissenschaften zeigen ebenso wie der Mythos, daß nicht nur Götter und menschliche Wesen Geschichte
haben, also entstehen und vergehen, sondern auch Sterne und
Milchstraßen, ja, das gesamte Universum. Der »Tod« eines
Sternes ist die Voraussetzung für alles spätere biologische Leben im All.

Die Weltschöpfung kann immer nur eine Vorstellung von der
Wirklichkeit sein; sie wird als göttliches Werk betrachtet, für
die Naturphilosophie ist es auch ein Naturmythos. Die Weltbeschreibung des Mythos zeigt Ordnung und Entwicklung
auf: Unter Einbeziehung von Anfang und Ende des Weltgebäudes wird eine kosmische Ordnung hergestellt. Nach christlicher
Auffassung bewegt sich die Welt im Zeitraum zwischen Schöpfung und Gericht, in der Bibel zwischen Genesis und Apo-
kalypse. Daß Wagner in seinem Kunstmythos bewußt zu den
Uranfängen zurückgeht, fällt Eduard Devrient, Oberregisseur
am Dresdner Opernhaus, schon 1848 bei der ersten Vorlesung
der Siegfried-Sagen auf, ebenso die Verbindung des Mythos mit
den modernen Anschauungen: »Auch holt Wagner immer
zu weit aus und knetet seine modernen Anschauungen ein.«

Mythos und Kunstmythos stellen eine einzige Kosmogonie dar. Auch Wagner ist davon überzeugt, wenn er in einem Brief an August Röckel äußert, »ohne Notwendigkeit des Todes keine Möglichkeit des Lebens«, und fortfährt »... kein Ende hat nur das, was keinen Anfang hat, – anfangslos ist aber nichts Wirkliches, sondern nur das Gedachte.«[3] Bewundernswert, wie hier der Begriff Ewigkeit, als »Wirkliches«, zum Paradoxon wird. Jedes mythische Geschehen, jede mythische »Wirklichkeit«, die einen Anfang hat, muß mit Notwendigkeit zu Ende gehen. Jetzt wird verständlich, warum die mythische Ur-Wala Erda den Göttern prophezeit: »Alles was ist – endet: ein düstrer Tag dämmert den Göttern.« Letztlich sind es weder die Schuldverstrickungen Wotans noch der Raub des Goldes oder der Naturfrevel, auch nicht der Fluch des Ringes oder der Verrat der Liebe, die das Ende herbeiführen, sondern die mythische Weltordnung selbst drängt auf das Ende zu. Aus der Sicht der Thermodynamik bestimmt die Entropie eine physikalische Weltordnung, die auf ein Ende hinausläuft. Darum »muß der Mensch sich zu der tragischen Höhe schwingen, seinen Untergang zu wollen. Dies ist Alles, was wir aus der Geschichte der Menschheit zu lernen haben«[4], schreibt Wagner im selben Brief. Der selbst herbeigeführte Untergang der politischen Verbrecher des 20. Jahrhunderts ist die Pervertierung dieses großartigen mythischen Gedankens.

An diesem langen Brief vom 25. Januar 1854 läßt sich belegen, daß Wagner seine Grundgedanken, die denen Schopenhauers in *Die Welt als Wille und Vorstellung* gleichen, unabhängig entwickelt hat. Denn mit Schopenhauers Hauptwerk wurde er erst nach dem 25. Januar 1854 bekannt. Wenn er also schreibt, daß »kein Ende nur das hat, was keinen Anfang hat«, so folgt daraus auch das Umgekehrte. Daher muß eine Weltschöpfung mit einem Anfang, eine »creatio ex nihilo«, notwendigerweise ein Ende haben. Bei Schopenhauer heißt es in eben diesem Sinne: »Denn zu einer Schöpfung aus Nichts paßt keine Unsterblichkeitslehre.«[5]

Zur »creatio ex nihilo« vorab eine grundsätzliche Bemerkung: »Das Vakuum der Physiker ist viel reicher angelegt als das ›Nichts‹ der Philosophen«, schreibt der englische Astrophysiker Martin Rees 1999, »denn im physikalischen Vakuum sind latent all die Felder und Teilchen enthalten, die von den Gleichungen der Physik beschrieben werden.«[6] Es mag der Vorstellung widersprechen, daß unser ganzes Universum – mit einem Durchmesser von mindestens 15 Milliarden Lichtjahren – aus einem winzigen Punkt entstanden sein könnte. Die Kosmologen haben eine gute Erklärung dafür gefunden, indem sie eine sehr frühe, ungemein rasante Ausdehnung, eine »inflationäre« Phase der kosmischen Expansion, annehmen. Unabhängig davon, wie diese Phase im einzelnen verlaufen ist, war die Gesamtenergie Null, und damit ist die Entstehung des Universums aus einem winzigen Punkt physikalisch möglich. Es ist, als grübe das Universum sich selbst eine »Gravitationsgrube«, so tief, daß alles in ihr eine negative Gravitationsenergie hat, die genau gleich der Ruhemasse ist. Die Erschaffung der Materie, des Universums, hätte dann nichts »gekostet«. Diese Erkenntnis macht es für Physiker leichter, die Vorstellung zu bejahen, daß unsere Welt fast aus dem Nichts entstand.

Warum entstand das Universum überhaupt? Warum muß sich das Universum, fragt Schopenhauer, dem Ungemach einer Existenz unterziehen? Alles wäre viel einfacher, gäbe es überhaupt nichts, und schon gar nicht den Menschen.

Aber da wir nun einmal existieren, geht es um die Dialektik von Freiheit und Notwendigkeit. Unabhängig von Schopenhauer erkennt Wagner, daß wir das Unvermeidliche wollen und frei vollziehen müssen. Wenn der Wille aber frei ist zu erstreben, was ihm beliebt, und wenn er das auch erreichen kann, dann ist die Notwendigkeit nicht unausweichlich und also der Wille nicht frei. Wenn man aber nicht erreichen kann, was man will, wenn man nur erreichen kann, was die unausweichliche Notwendigkeit vorsieht, dann ist es überflüssig, frei zu wollen, was die Notwendigkeit will. Es wird immer den Konflikt geben zwischen den Interessen und Wünschen des Individuums und den Gesetzen der Gesellschaft. Dieses Dilemma kann weder von der Philosophie gelöst werden noch durch das musikalische Gesamtkunstwerk als Schöpfungsmythos. Hingegen könnten die Thermodynamik, insbesondere ihr zweiter Hauptsatz, und die Unschärferelation in der Quantenmechanik, auf die später noch ausführlich einzugehen sein wird, eine Lösung anbieten. Sie hängt mit statistischer Ordnung und Unordnung, mit Freiheit und Wahrscheinlichkeit, wie sie die Wärmelehre beschreibt, zusammen und bestimmt das Schicksal der physikalischen Welt, von der der Mensch und sein »freier« Wille ein Teil ist. Der schon zitierte englische Astrophysiker Rees bemerkt hierzu: »Die Paradoxien der Quantenmechanik und das Wesen des Bewußtseins sind sicherlich zwei der allergrößten Geheimnisse. Es ist verblüffend, daß John Wheeler und Roger Penrose, die beiden originellsten und einflußreichsten modernen Theoretiker, die über Raum und Zeit nachdenken, übereinstimmend die Meinung vertraten, daß diese Geheimnisse miteinander zu tun haben.«[7]

Ende 1999 fand in Miami, zum Abschluß der »Dekade des Gehirns«, der Weltkongreß für Hirnforschung statt. Ein häufig vorgebrachtes Bedauern der Neuroforscher war, daß das Äquivalent der quantenphysikalischen Unschärferelation für die Hirnforschung noch nicht gefunden sei. Denn es würde die Grenzen präziser bestimmen, mit der die neurophysiologischen Prozesse behaftet sind, die sie untersuchen und beschreiben wollen.

Auch die Kunst bedient sich bestimmter Ordnungsmuster, mit denen sie auf anschauliche Weise eine Beschreibung der Welt versucht. Mythos, Kunst und Naturwissenschaften suchen das Wesen der Dinge hinter den äußeren Erscheinungen. Gleichheit und Ungleichheit, Wiederholung und Symmetrie, Gruppenstrukturen aller Art spielen in der Kunst eine fundamentale Rolle, ebenso wie in der Mathematik. Schließlich versuchen auch die Naturwissenschaften, Ordnungs- und Entwicklungsmuster zu erkennen. Auf der Grundlage einer durchgehend mathematischen Beschreibung der Erscheinungen zeigen sie Ursprung und Evolution von Kosmos, Erde und Leben auf. Sie unterteilen die Welt in makroskopische Strukturen (Weltall, Erde), biologische Strukturen (Lebewesen) und mikroskopische Strukturen (Elementarteilchen, Atome). Daß der Mensch Teil dieser biologischen Strukturen ist und damit Teil des Ganzen, das er zu beschreiben versucht, zeigt die Grenzen und macht einen Teil der Probleme hinsichtlich der Größenordnungen zwischen Relativitäts- und Quantentheorie verständlich, da die Relativitätstheorie das gesamte Universum beschreibt und die Quantentheorie den Aufbau der Atome.

Schon bei Johann Gottfried Herder (1744–1803) klingt diese Weltsicht an, wenn er schreibt, der Mythos sei »eine Weltschau, in der der Mensch versucht hat, das Tiefste und Wesentlichste von dem, was er vom Kosmos und seinem Innern erlebt«[8], auszudrücken. In Kunst und Naturwissenschaft werden gleichermaßen kosmische Weltordnung und innere Weltdeutung verdichtet zum Gesamtbild der Welt jedes einzelnen.

# Mythos, Kunst und Naturwissenschaft

Mythen erzählen von der Entstehung der Welt und der Menschen und Geschöpfe in ihrer Beziehung zu Raum und Zeit. Die Geschichten der Götter und Heroen können sich erst zutragen, nachdem die äußeren Voraussetzungen dafür erfüllt sind. Der Weltschöpfungsmythos geht allem mythischen Geschehen voraus. Sobald der Mensch eine erste Vorstellung von Zeitabläufen und räumlichen Verhältnissen gewonnen hat, kann er einen Schöpfungsmythos ersinnen. Die Zusammenschau von Raum- und Zeitstrukturen ist ein Merkmal naturwissenschaftlicher Betrachtung. Das physikalische Problem von Raum und Zeit besteht darin, für jedes Ereignis einen Ort und einen Zeitpunkt zahlenmäßig festzulegen, um es im Chaos des Neben- und Nacheinander wieder auffindbar zu machen. Ein zahlenmäßiges Erfassen der Welt – vereinfacht gesagt: das »Eins-zwei-drei« – ist Ausdruck des Ordnungstrebens. Alles tatsächlich Feststellbare wird zu einem bestimmten Zeitpunkt an einem bestimmten Ort festgestellt: als eine raumzeitliche Koinzidenz. Im platonischen Dialog zwischen Sokrates und Ion stellt dieser sinngemäß fest, daß »Geschichte nicht in der Aufzählung von Ereignissen besteht oder daraus erschlossen werden kann. Geschichte ist immer Einordnung von Ereignissen in einen Entwurf von Welt, also Deutung.«[1] Geschichtliches Denken versucht, vielen Ereignissen eine bestimmte Ordnung aufzuprägen, wodurch sie eine Abfolge, einen Beginn und ein Ende erhalten, eine Ordnung und Einheit, die sie selbst nicht anzeigen und die aus ihnen als solche nicht ableitbar ist. Der Mensch des 20. Jahrhunderts sah sich durch die Erkenntnisse von Relativitäts- und Quantentheorie gezwungen, den starren Rahmen der physikalischen

Gesetzmäßigkeiten, die das 19. Jahrhundert festgelegt hatte, aufzulösen. Dieser Rahmen wurde getragen durch die grundlegenden Begriffe der klassischen Physik vor Relativitäts- und Quantentheorie: Raum, Zeit, Materie und Kausalität. Der Philosoph und Theologe Nikolaus von Kues (1401 bis 1464), der in der Zeit des Übergangs vom Mittelalter zur Neuzeit lebte, sah das Wesen Gottes in dem unendlichen Zusammenfall aller endlichen, bedingten Gegensätze, der »coincidentia oppositorum«. Nur durch eine über die Verstandesbegriffe hinausgehende »belehrte Unwissenheit« ist ihm zufolge dieser Zusammenfall im Unendlichen erfahrbar. Der Mensch trägt als Mikrokosmos die ganze Welt in sich und spiegelt das Göttliche wider. Mathematisch-naturwissenschaftlich gebildet, versuchte Kues die Versöhnung der Gegensätze auf höherer Ebene in einer Koinzidenz. Daß die Welt unendlich ausgedehnt sein könnte, ist für ihn eine logische Konsequenz. Isaac Newton nahm 1687 die Unendlichkeit von Raum und Zeit, ohne hinreichende Begründung, in seine *Prinzipien* auf. Es sollte mehr als 250 Jahre dauern, bis die moderne Kosmologie zeigen konnte, daß Raum und Zeit in dieser Welt endlich sind.

Für die klassische und die romantische Musik ist die »coincidentia oppositorum« geradezu grundlegend, denn die Harmonielehre, auf der sie aufbaut, geht von dem Zusammenstimmen von Verschiedenem oder Entgegengesetztem aus. Der Kontrapunkt bildete seit dem 14. Jahrhundert die formale Grundlage für die mehrstimmige Musik des Abendlandes. Die Regeln verlangten eine Gegenbewegung der Stimmen sowie den Wechsel zwischen perfekten und imperfekten Konsonanzen.

In der Zusammenschau von Raum, Zeit und Kausalität im Kunstmythos des *Ringes* und des *Parsifal* kommt Richard Wagner zu Vorstellungen, die sich mit späteren naturwissenschaftlichen Erkenntnissen vergleichen lassen. Es erscheint müßig, nach der Logik dieser Erkenntnisse zu fragen. Sie ist Ausdruck dafür, daß künstlerisch-intuitive und naturwissenschaftlich-intellektuelle Aussagen über das Weltganze zu ähnlichen Deutungen kommen, wenn sie sich auf die Summe der Wissens- und Erfahrungsinhalte einer Epoche beziehen; auch in der modernen Physik ist die Einbeziehung des intuitiven Subjekts nicht mehr aus der Wirklichkeitsbeschreibung wegzudenken. In diesem Zusammenhang spricht der theoretische Physiker Werner Heisenberg, wie erwähnt, vom »Wechselspiel zwischen dem Geist der Zeit und dem Künstler«.

Heisenberg macht deutlich, daß Kunst und Naturwissenschaft einander keineswegs ausschließen. Das Zurückgehen auf einen Uranfang in der Zeit, wie in der modernen Kosmologie, der Glaube an Schönheit und Einfachheit oder an eine einheitliche mathematische Deutung der Welt, die Suche nach der Weltformel und eine differenzierte Betrachtung der Kausalität, wie in der Quantentheorie, veranschaulichen diesen Zusammenhang. Heisenberg wünscht sich, es möge am Ende des Weges zur Weltformel »eine sehr einfache Formulierung der Naturgesetze stehen, so einfach, wie auch Platon sie sich erhofft hat. Es ist schwer, irgendeinen guten Grund für diese Hoffnung auf Einfachheit anzugeben, abgesehen von der Tatsache, daß es bisher immer möglich gewesen ist, die Grundgleichungen der Physik in einfachen mathematischen Formeln aufzuschreiben. Diese Tatsache paßt zu der Religion der Pythagoreer, und viele Physiker bekennen sich in dieser Hinsicht zu ihrem Glauben, aber bisher hat noch niemand einen wirklich überzeugenden Grund dafür angeben können, daß es so sein muß.«[2] Der Grund wird die angeführte Einheit der Weltdeutung von Kunst und Naturwissenschaft sein; der Hinweis auf den antiken Naturmythos ist signifikant.

Auch der Leitstern Einsteins bei seiner Suche nach der Weltformel war Einfachheit: »Nach unseren bisherigen Erfahrungen«, schreibt er 1920 in einem Brief an den Physiker Paul Ehrenfest, »sind wir nämlich zum Vertrauen berechtigt, daß die Natur die Realisierung des mathematisch denkbar Einfachsten ist.«[3]

Die Suche nach einer einenden Weltformel leitet die gesamte Forscherelite der Physik am Ende des 20. Jahrhunderts. In diesem Zusammenhang schrieb *Der Spiegel* in einem Bericht über eine Konferenz von »String-Forschern«, daß sich in Potsdam am Ende des 20. Jahrhunderts die Elite der Physik traf, »um all ihr Wissen über die Materie in einer Gleichung zu fassen. Die Umrisse der Weltformel glaubten sie bereits erkennen zu können. Es ist der Glaube an die Existenz einer Weltformel, der die theoretischen Physiker beseelt.«[4] Eine Physikerelite, beseelt vom Glauben an eine Weltformel (die religiös Gläubigen nennen sie übrigens Gott), ist nicht weit entfernt von Heisenbergs Hinweis auf Platon und den Glauben, von Einsteins Vertrauen auf das »denkbar Einfachste« und seinem wiederholten Hinweis auf den »raffinierten Alten«. Die String-Forscher nehmen an, daß das Universum in seinem Innern aus vibrierenden extrem dünnen und extrem kurzen Fäden bestehe; für Richard Wagner sind es die Schicksalsfäden der Nornen, die den Weltenlauf bestimmen.

Die Titelgeschichte ist überschrieben mit »Symphonie der Superstrings«, und bemerkenswerterweise sprechen auch die String-Forscher von »Geigensaiten«, Tönen und Harmonien in der Musik, die von den Naturkräften und Partikeln hervorgebracht werden. So heißt es in dem umfassenden Lehrbuch *Introduction to Superstrings*: »Die Superstring-Theorie vereinigt die unterschiedlichen Kräfte und Teilchen in der gleichen Weise, in der eine Violinsaite eine einheitliche Beschreibung der musikalischen Töne liefert. Die Töne A, B, C etc. sind nicht fundamental; aber ein physikalisches Objekt (String) kann die Vielfalt der musikalischen Töne und selbst die aus ihnen gebildeten Harmonien erklären. In der Tat besteht die ›Musik‹, die von den Superstrings hervorgebracht wird (created), aus den Kräften und Teilchen der Natur.«[5] Im Vorausblick auf das beginnende neue Jahrhundert lautete schon 1988 der Schlußsatz eines Buches über *Superstrings and the Search for The Theory of Everything*: »Was bedeuten Superstrings wirklich? Für die Physik scheint die Zeit gekommen zu sein, einige tiefgreifende Fragen zu stellen, und die Superstring-Theorie wird sicherlich unter den Theorien des 21. Jahrhunderts sein.«[6]

Kommen wir zurück zum Kunstmythos. Das Gesamtkunstwerk, wie es uns im *Ring des Nibelungen* auch als Weltschöpfungsmythos entgegentrat, muß als Mythos des Übergangs zwischen Antike und Neuzeit angesehen werden. Es ist vom Verständnis des antiken Mythos grundlegend geprägt und verweist erstaunlicherweise auf die moderne naturwissenschaftliche Weltdeutung. Friedrich Nietzsche faßt, vom Gesamtkunstwerk sprechend, das antike Drama als »Wiedervereinigungsfest der griechischen Künste« auf. Er legte diese Gedanken 1870 in einem Vortrag über »Das griechische Musikdrama« nieder, in der Zeit seiner engen und intensiven Freundschaft mit Richard Wagner. Wagner könnte sich bei den außerordentlichen stimmlichen Strapazen, die er seinen Protagonisten zumutet, am griechischen Drama orientiert haben: Der einzelne Schauspieler-Sänger mußte über zehn Stunden lang etwa 1600 Verse rezitieren, darunter wenigstens sechs größere und kleinere Gesangsstücke. Der Rückgriff auf das antike Vorbild und seine neuzeitliche Anknüpfung und Erweiterung geschah bewußt: »Umfaßte das griechische Kunstwerk den Geist einer schönen Nation, so soll das Kunstwerk der Zukunft den Geist der freien Menschheit über alle Schranken der Nationalitäten hinaus erfassen.«[7] So formuliert es Wagner 1849 in einer seiner theoretischen Schriften der Zürcher Zeit, *Die Kunst und die Revolution*. Zu Beginn eines neuen Jahrtausends drängt sich in diesem Zusammenhang die Vorstellung auf, daß der von Wagner beschworene »Geist der freien Menschheit über alle Schranken der Nationalitäten« die von ideologischen, religiösen und philosophischen Systemen weitgehend unabhängigen modernen Naturwissenschaften sein könnten. Weltdeutung erscheint ihnen eben nicht als naturwissenschaftliche Wahrheit, sondern als eine mögliche Form der Wirklichkeitserklärung. Diese selbstkritische, postcartesianisch-ganzheitliche Einstellung könnte den Rahmen abgeben für eine neue Weltsicht, nicht Weltanschauung, die endlich den verhängnisvollen Wahrheitsanspruch aufgibt, der uns Jahrhunderte von Religionskriegen beschert hat und vermutlich weiterhin bescheren wird.

»Ganz allgemein«, heißt es bei Werner Heisenberg, »kann der Dualismus zwischen zwei verschiedenen Beschreibungen derselben Wirklichkeit nicht länger als eine grundsätzliche Schwierigkeit betrachtet werden. Daher hat die Möglichkeit, mit verschiedenen komplementären Bildern zu spielen, ihr Analogon in den verschiedenen Transformationen des mathematischen Formalismus.«[8] Die »verschiedenen Beschreibungen derselben Wirklichkeit« und das Spielen mit »verschiedenen komplementären Bildern«, die Heisenberg hier für die Quantenmechanik und für die moderne Physik in Anspruch nimmt, ist aber auch eine Definition von Kunst und künstlerischem Schaffen. Hier berühren sich moderne Naturwissenschaft und Kunst nicht nur, sie überschneiden sich in wesentlichen Bereichen.

Die Vorwegnahme naturwissenschaftlicher Weltdeutung in Wagners Kunstmythos ist jedoch keineswegs zufällig, sondern läßt sich aus dem Umstand ableiten und begründen, daß der Mythosgedanke bei Wagner weit entfernt ist vom ursprünglichen sakralen griechischen Mythos. Der Wagnersche ist vielmehr ein weltlicher Kunstmythos, der sich am historisch-kritischen Verständnis der Antike orientiert und dieses Verständnis in den »Geist seiner Zeit« einfließen läßt. Es ist eine intellektuell reflektierende, keine naive Weltdeutung. In diesem Sinne ist der Weltschöpfungsgedanke des *Rings* ein Mythos des Übergangs.

Die These von der mathematisch-physikalischen Erklärbarkeit der Welt und einer Ästhetik der ihr zugrundeliegenden mathematischen Formeln, verbunden mit der Suche nach der Weltformel und nach einem Uranfang in der Zeit, läßt in den modernen Naturwissenschaften auch mythologische Elemente erkennen. In diesem Sinne ist die Entmythologisierung der Natur nur eine scheinbare. Die cartesianische Teilung und ihre reine Mechanisierung im 19. Jahrhundert erwiesen sich als Sackgasse. Die großen naturwissenschaftlichen Weltdeutungskomplexe – Kosmologie, Relativitätstheorie und Quantentheorie – finden in der künstlerischen Weltdeutung Richard Wagners ihre Entsprechungen, womöglich sogar Vorläufer. Der Weltschöpfungsmythos im *Ring* findet seine Analogie in der modernen Kosmogonie. Im eschatologischen Endzeitgeschehen des *Parsifal* sind durchaus Parallelen zur Relativitäts- und Quantentheorie zu entdecken.

Derartige Verbindungen erscheinen nur deshalb disparat, weil wir uns daran gewöhnt haben, die Welt nicht mehr als Ganze zu sehen, wie es der Mythos nahelegt, sondern aufgeteilt in künstlerische und naturwissenschaftliche Ansätze. Diese »cartesianische Teilung« ist von den kritischen Naturwissenschaftlern zugunsten einer erweiterten Synthese beider Ansätze aufgegeben worden. Pythagoras und die Gelehrten des Mittelalters sahen gerade in der Beziehung der Musik zur Mathematik und Astronomie das Besondere. »Das Gewebe künstlerischer Aktivitäten, die nur dem Menschen eigen sind«, bemerkt der englische Astronom und Direktor der Sternwarte von Sussex, John D. Barrow, »speist sich aus den gleichen Quellen wie das systematische Studium der Natur, das wir Naturwissenschaft nennen. Diese gleichen Ursprünge mögen für viele überraschend sein, weil eine große Kluft zwischen ihnen zu liegen scheint, begrenzt von unseren Erziehungssystemen und Vorurteilen.«[9]

In den sechziger und siebziger Jahren des 20. Jahrhunderts erschien es modern, die menschlichen Fähigkeiten allein auf soziale Kontakte zurückzuführen und die Universalität des menschlichen Denkens zu übersehen. Einige dieser Universalitäten, die besonders im Mythos in Erscheinung treten, erstrecken sich über die Erde hinaus. Sie reflektieren das Umfeld des Sonnensystems, der Milchstraße und des gesamten Universums. Damit lebendige Strukturen, besonders denkende Lebewesen, im Universum überhaupt entstehen konnten, mußte nach dem Urknall eine ungeheuer lange Zeit vergehen, damit das Weltall sich riesig ausdehnen und genügend abkühlen konnte. Der Kosmos mußte groß und alt, dunkel und kalt werden. Unsere Existenz, unsere Mythen und unser Wissen hängen daher auch mit dem Alter und der Größe des gesamten Universums zusammen. Das ist die Grunderfahrung, mit der jeder denkende Mensch, wenn er in einer klaren Nacht das Firmament betrachtet, konfrontiert wird. Jede Zivilisation wird daher ähnliche Mythen vom Himmel und den Körpern haben, die ihn am Tage und des Nachts bevölkern. Die Vorstellung, daß das Universum ungeheuer groß und alt ist, der Mensch dagegen klein und das menschliche Leben unscheinbar und kurz, hat sich tief in unsere Seele eingegraben. Sie durchzieht auch unsere

Anschauung über Kunst und Natur. »Kunst ist die bestimmende Grunderfahrung: nämlich die des menschlichen Verlorenseins im All«[10], sagt Ernesto Grassi in *Kunst und Mythos*. Die neueren Erkenntnisse über das Universum und die Welt der Quanten sollten uns viel bescheidener und demütiger machen, als es der Mensch der Antike oder des Mittelalters war, der davon ausging, daß er der Mittelpunkt des Alls sei. Dank unserer intellektuellen Fähigkeiten sind wir lebendige Wesen, eingebunden in die Geschichte des Universums und seine Grenzenlosigkeit. Die Mythen der Völker haben deshalb so viele Gemeinsamkeiten, weil sie Ausdruck kollektiver Erfahrung von Raum, Zeit und Kausalität sind und kollektive Anschauungen vom Himmel mit seiner gewaltigen Ausdehnung des Universums widerspiegeln. Daß die Lebenszeitspanne des Menschen im Vergleich zu Elementarteilchen unendlich lang und zum gesamten Universum unendlich kurz ist, läßt uns zu vergleichbaren Denkansätzen über die Deutung der Welt und den Wert des Lebens kommen.

## Mythos und Odem in der Musik

»Fassen wir die Vorstellungen über die Geschichte des Universums seit dem Urknall knapp zusammen. Eine grobe Unterteilung bezeichnet den frühesten Abschnitt als Ära der *Quantenphänomene*. Man kann sie ruhig die *Mythenära* nennen, da unser Wissen über diese Epoche kaum von anderer Qualität ist als die Mythen der Völker.«[1] So beginnt der theoretische Physiker Hubert Goenner in seinem Lehrbuch *Einführung in die*

*Kosmologie* das Kapitel über die »Thermische Geschichte des Kosmos«.

Der Mensch trägt geistig die gesamte Welt als Mikrokosmos in sich und spiegelt auch das Göttliche wider. Das ist die Zusammenfassung einer Erklärung des Weltganzen durch Nikolaus von Kues. Was gewöhnlich unter »Welt« verstanden wird, stellt sich so als eine gedankliche Konstruktion von Nachschöpfungen heraus – einmal als der Anfang der physikalischen Welt, als Entstehung des Kosmos, über dessen weit zurückliegenden Zeitpunkt wir zuverlässige Erkenntnisse haben gewinnen können, und zum anderen als die unzähligen Nachschöpfungen in der Imagination künstlerischer Gestaltung durch die hochorganisierte Materie, die nicht nur die sie umgebende Welt wahrnimmt, sondern sich auch ihrer selbst bewußt ist. Die Wahrnehmung der Außenwelt geschieht durch unsere Sinne. Die Naturwissenschaften kennen und praktizieren inzwischen auch Wahrnehmungen der Außenwelt, für die wir keine Sinne entwickelt haben: beispielsweise die Welt der Radioastronomie und der Elementarteilchen. Die Verarbeitung der Sinneseindrücke ist ein intellektueller Prozeß, dessen Ergebnis zu einem endgültigen Bild der objektiven äußeren Welt wird. Wie weit diese Objektivierbarkeit eingeschränkt werden kann durch das Dazwischentreten eines Subjekts, hat uns die Quantentheorie gelehrt.

Soweit wir wissen, ist der Prozeß weltdeutender Verarbeitung allein dem hochorganisierten menschlichen Großhirn vorbehalten. »Wie im Traum ich sie trug, wie mein Wille sie wies«, ist Wotans poetische und musikalische Verkürzung dieses Gedankens im zweiten Bild des *Rheingold*. Unmittelbar nach Vollendung der *Rheingold*-Partitur (»Das *Rheingold* ist fertig–: aber auch ich bin fertig!!!–«) spricht Wagner im Brief an Franz Liszt vom 15. Januar 1854 vom »blutig schweren Werk der Bildung einer unvorhandenen Welt«.[2] Auch die Superstrings und Quarks- Urteilchen, aus denen unser Universum aufgebaut sein soll, sind keine Phänomene, die wir direkt beobachten können, sondern theoretische Konstruktionen, die uns helfen, das Wirken der Welt zu verstehen. Albert Einstein sollte später aus bloßen Gedanken ein ganzes Universum schaffen. Die Überlegung, ob es in diesem Zusammenhang nur eine einzige »objektive« äußere Welt gebe oder ob nicht unser Universum eine Insel im kosmischen Archipel darstellt, ist müßig, da uns physikalisch keine andere zugänglich ist.

Die wichtigsten Sinneseindrücke, derer sich unsere Vorstellung bedient, werden durch das Hören und das Sehen vermittelt. Die erste individuelle Wahrnehmung der Außenwelt geschieht pränatal über das Hören. Die menschliche Besonderheit aber ist die Sprache, die Fähigkeit zur Wiedergabe und Erklärung der Welt durch Laute, Silben, Wörter und Sätze. Erst spät in der Entwicklung haben wir gelernt, sie auch durch mathematische Formeln und durch Töne wiederzugeben. Der italienische Geschichts- und Rechtsphilosoph Giambattista Vico geht im 18. Jahrhundert sogar so weit zu behaupten, »daß die erste Form des Sprechens nicht die der alltäglichen Verständigung war, sondern im Gesang bestand«.

Schon im Mutterleib – er ist ein Topos, der im Mythos eine zentrale Rolle einnimmt, in der »grünlichen Dämmerung« (*Rheingold*) des Fruchtwassers, wie die Rheintöchter, unschuldig, spielerisch schwimmend – nimmt das Ungeborene die Außenwelt hörend wahr und zuckt, durch ein lautes Geräusch erschreckt, zusammen. »So erwacht das Kind aus der Nacht des Mutterschooßes mit dem Schrei des Verlangens, und antwortet ihm die beschwichtigende Liebkosung der Mutter«[3], schreibt Wagner im *Beethoven*-Essay zum 100. Geburtstag seines großen Vorbildes. »In den Schooß der Welt / Schwang ich mich hinab, / mit Liebes-Zauber / zwang ich die Wala«, erklärt der Gott Wotan seiner Lieblingstochter Brünnhilde. Und Wissen empfängt der Gott aus dem »Schooß der Welt«. Die unschuldigen, spielerischen Rheintöchter hören Alberich, bevor sie ihn sehen. »Die Mädchen halten, als sie Alberichs Stimme hören, mit ihrem Spiele ein«, lautet die Bühnenanweisung im ersten Bild des *Rheingold*. Für den mit dem Werk vertrauten Zuhörer künden die tiefen B der Fagotte und die Vorschläge der Baßklarinette etwas Störendes, Gefahrbringendes an.

Wagner schrieb in einem Brief an den italienischen Komponisten Arrigo Boito, dem Librettisten von Verdis *Otello* und *Falstaff* und Übersetzer von *Rienzi* und *Tristan* ins Italienische, in diesem Zusammenhang folgendes: »Gewiß mag es tiefer liegen, was meine Gehörphantasie in Italien so empfindlich machte. Sei es ein Dämon oder ein Genius, der uns oft in entscheidungsvollen Stunden beherrscht.« Er fährt fort mit einer Darstellung der Eingebung des *Rheingold*-Vorspiels: »Schlaflos in einem Gasthofe von La Spezia ausgestreckt, kam mir die Eingebung meiner Musik zum *Rheingold* an; und sofort kehrte ich in die trübselige Heimath zurück, um an die Ausführung des übergroßen Werkes zu gehen, dessen Schicksal mich mehr als alles Andere an Deutschland festhält.«[4] Die Antinomie von Dämon und Genius im Künstler taucht schon 1856 in einem Brief an Röckel auf, in dem er schreibt: »Ich bin nur Künstler – und das ist mein Segen und mein Fluch; sonst möchte ich gern Heiliger sein.«[5] Später sollte Thomas Mann das, ebenfalls für einen Musiker, wieder aufgreifen. Im *Doktor Faustus* spricht der Dr. phil. Serenus Zeitblom vom musikalischen Talent des Romanhelden Adrian Leverkühn als »von Gott geschenktem oder auch verhängtem Genie«.[6] Die Vorstellung von zwei Genien des Menschen, einem guten und einem bösen, rührt jedoch schon von den Griechen her. In Platons Dialog *Ion* nennt Sokrates die rechten Liederdichter »Begeisterte und Besessene«. Auch das Individuum, die »Person«, leitet sich von »personare« (hindurchtönen) ab und bezeichnet ursprünglich die Maske des Mimen, durch welche ein Dämon redet.

Erweitern wir an dieser Stelle kurz die durch unsere Sinne aufgenommene, durch Phantasie vertiefte Außenwelt durch das Sehen: »des Sehens selige Lust«, wie Siegmund sie im ersten Aufzug der *Walküre* empfindet. Wenn Wagners Gehörphantasie in Italien entscheidende Anregungen empfindet, so kann Vergleichbares bei einem sinnlich ganz anders gearteten Individuum, wie etwa bei Goethe, durch die Sehphantasie ausgelöst werden: »Mir ist jetzt nur um die sinnlichen Eindrücke zu tun, die kein Buch, kein Bild gibt«, schreibt er unter »Trient, den 11. September, früh« und fährt fort: »Die Sache ist, ob mein Auge licht, rein und hell ist. Die Sonne scheint heiß, und man glaubt wieder einmal an einen Gott.«[7] »Heil Dir Sonne / Heil Dir Licht«, begrüßt Brünnhilde die Welt nach langem Schlaf. Goethe findet schließlich im *Faust* ein Bild, das den Gehörsinn mit dem Gesichtsinn zusammenbringt: »Die Sonne tönt nach alter Weise / In Brudersphären Wettgesang.« Auch Nietzsche spricht von einer Verbindung beider Sinnesempfindungen, wenn er sagt, daß »in Wagner ebenso alles Hörbare der Welt auch als Erscheinung für das Auge an's Licht hinaus und hinauf«[8] will.

Der *Ring des Nibelungen* beschwört eine Welt im Klang. In *Oper und Drama* schreibt Wagner: »Das Orchester besitzt unleugbar ein Sprachvermögen.« Zur Erweiterung dieses Sprachvermögens führt er zusätzlich neue Instrumente ein, beispielsweise Ambosse und Baßtuben. Die Beschwörung und Sichtbarmachung der Welt wird durch Sprache, Gesang und Musik vollzogen. Unser Sprachapparat im anatomisch-physiologischen Sinne ist eins mit unserem Atmungsapparat, der ja überhaupt erst die biologische Grundlage für höheres Leben in der Evolution geschaffen hat. Der Brustkorb ist der »Blasebalg« für die herrliche »Orgelpfeife«, die im Bereich des Kehlkopfes Sprache und Töne erzeugt. Der Kehlkopf ist eine Weiterentwicklung der Kiemen, mit denen unsere Vorfahren als »untergeordnete Wesen der Tiefe«[9], wie Wagner später die Rheintöchter nennen sollte, noch geatmet haben. Das Atmen als Ausdruck des Lebens führt Carl Maria von Weber, einer der wenigen, der für Wagner musikalisches Vorbild war, im *Freischütz* vor. Beim Probeschuß ihres Bräutigams Max stürzt Agathe, vermeintlich getroffen, bewußtlos nieder, zu sich gekommen singt sie jedoch nicht »Ich lebe noch«, sondern wiederholt viermal: »Ich atme noch.« Bei der vierten Wiederholung singt sie eine ergreifende Koloratur auf »atmen«. Ihr Vater, der Erbförster Kuno, wiederholt darauf erneut: »Sie atmet noch.«

Shakespeare beschreibt die sinnliche Macht der Sprache in der dritten Szene des ersten Aufzugs von *Othello*, wenn er den Helden erzählen läßt, wie er Desdemonas Liebe gewann: »Wenn je ein Freund von mir sie lieben sollte, / Ich mög ihn die Geschicht' erzählen lehren, / das würde sie gewinnen. Auf den Wink / erklärt' ich mich.« Und im *Sturm* beschwört er die Magie der Musik, wenn Prospero in der ersten Szene des fünften Aufzugs »himmlische Musik« als Fortsetzung seiner Zauberkünste fordert: »und hab' ich erst, wie jetzt / Ich's tue, himmlische Musik gefordert, / so brech ich meinen Stab. (Feierliche Musik).«

Welche Bedeutung Wagner als Komponist der Sprache beimaß, wird deutlich, wenn er für seinen »neuen Opernhelden« in *Siegfrieds Tod* auf den alten, ursprünglichen Stabreim aus dem 9. Jahrhundert zurückgeht. Er benötigte nicht nur ein ganz neuartiges musikalisches Beziehungssystem, sondern auch eine ganz neue Form der Opernsprache – eine Sprachmusik mit klingendem Lautmaterial. Sein Kunstmythos sollte eine revolutionäre künstlerische Neuschöpfung von Inhalt und Form sein. Daher nannte er die begleitende theoretische Schrift aus derselben Zeit *Die Kunst und die Revolution*. Die politische Revolution wollte er mit einem künstlerischen Neuanfang verbinden. Um die gleiche Zeit schrieb ein anderer Deutscher, ebenfalls im Exil, an einem ebenso umfangreichen revolutionären Werk. Karl Marx im *Kapital* und Richard Wagner im *Ring* sahen in der Zerstörung und Überwindung der alten Weltordnung die Voraussetzung für eine neue. Sonst hatten sie, abgesehen von ihrem Haß auf Bismarck, nichts gemeinsam.

Im Verhältnis von Sprache und Musik wird in der Weiterführung das gesungene Wort zum Gesang, der uns von der Wiege bis zur Bahre begleitet, wird die Musik zur Ausdrucksform unserer inneren Welten. Die Unterteilung von Melodien in musikalische Phrasen hat Ähnlichkeit mit den zeitlichen Intervallen des menschlichen Atemzyklus. In *Oper und Drama* leitet Wagner diesen Zusammenhang so ab: »Die musikalische Grundlage der Oper war nichts Anderes als die Arie, die Arie aber nur das vom Kunstsänger der vornehmen Welt vorgeführte Volkslied.«[10] Die höchste Form von Atmung und artifizieller Lautbildung im Lied ist demnach die Arie, wörtlich »Luft«. »Das musikalische Instrument ist gewissermaßen ein Echo der menschlichen Stimme, der ganze luftige Körper der Arie«[11], heißt es dann in *Oper und Drama*. Sprache und Gesang sind eine Symbiose von Leben und Luft in der biologischen Evolution, wie im musikalischen Ausdruck.

Das Kunstlied in seinem Wortfluß als jubelnder Anfang, wie es Wagner im *Rheingold* gestaltet, entfaltet sich als lyrische Bewegung. In den Anmerkungen zu Goethes Liebeslyrik der Sesenheimer Lieder schreibt der Germanist Erich Trunz: »Das Strömende, Jubelnde eines glücklichen Anfangs, der Schwung des Getragenseins durch ein tiefes Gefühl ergibt das Lied. Es fließt, ja es strömt dahin.«[12] Im Liebesliedreigen, den die Rheintöchter mit Alberich »auf dem Grunde des Rheines« veranstalten, wird das ebenso deutlich, wenn Wellgunde sich dem lüsternen Freier mit den Worten entzieht: »Nur fest, sonst fließ' ich dir fort!« Auch wenn es vom ersten Wiegenlied: »Weia! Waga! Wagalaweia!«, das Woglinde der entstehenden Welt zu Beginn des *Rheingold* singt, bis zu Wotans schmerzlich-zornigem Ausruf: »So weit Leben und Luft / Darf der Gott dir nicht mehr begegnen!«, im dritten Aufzug *Walküre* eine immense musikalische Evolution gegeben hat, so ist doch die Verquickung von Leben, Luft und Gesang geblieben.

Die gedankliche Verbindung von Leben und Luft und Atem kulminiert schließlich in einem Werk, von dem Richard Strauss behauptet, es sei die Konklusion der europäischen Theatergeschichte seit Aischylos; und auch Friedrich Nietzsche stellt in *Richard Wagner in Bayreuth* 1876 eine solche Nähe und Verwandtschaft zwischen den beiden fest, daß man »handgreiflich an das relative Wesen aller Zeitbegriffe gemahnt« werde. In der Assoziation von Atem und Leben, Äther und All vollzieht sich gleichsam die Transzendierung in den Kosmos, wenn Isolde im dritten Aufzug von *Tristan und Isolde* weltenthoben singt: »In des Weltatems / wehendem All!« »Denn dieser Athem ist nichts Anderes, als der Hauch unendlicher Liebe, in deren Wonne der Dichter erlöst ist«, sagt Wagner viel früher (1851) in *Oper und Drama*. Er selbst geht später so weit, Isolde als Mutter Gottes, als die gen Himmel Fahrende, als die »Assunta« aus Tizians monumentalem Gemälde in der venezianischen Frari-Kirche, zu sehen. »Was am Schluß von *Tristan und Isolde* in der Liebes-Verklärung musikalische Gestalt annimmt, ist eine Reinkarnation im Universum, eine kosmische Himmelfahrt.«[13] Cosima Wagner vertraut unter »Sonntag 22ten« Oktober

1882 in Venedig ihrem Tagebuch an: »doch leugnet R., daß die Assunta die Mutter Gottes sei, das sei Isolde in der Liebes-Verklärung.«[14] In dieser Transzendierung erhält der mythische Topos unübersehbar christliche Züge. Daß in der Capella dei Milanesi in derselben Kirche Santa Maria dei Frari auch der Vater der musikalischen Gattung Oper, Claudio Monteverdi, begraben liegt, erwähnt der »späte Enkel« Richard Wagner, der diese Tradition zu ihrem Höhepunkt führen sollte, nicht mit einem Wort.

Die Liebesverklärung Isoldes kann als ein Kulminationspunkt der von Monteverdi eingeleiteten Operntradition angesehen werden. Auf dieser Höhe hält, um im Bild zu bleiben, die europäische Musikgeschichte für einen Augenblick den Atem an.

Am Wendepunkt der Romantik zur Moderne gelingt es in einer einzigen »Arie«, die Liebe, Tod und Transzendenz zugleich einschließt, das Atmen des Individuums einzufangen und in einen das Weltall durchwehenden Seufzer zu bannen: »In dem tönenden Schwall, / In des Weltatems wehendem All«, wie es Isolde in der Liebesverklärung empfindet. Der Musikwissenschaftler Friedrich Oberkogler nennt es in seinem Buch *Vom Ring zum Gral* »das Spiel, das zum Drama der Menschheit wird, die Szene, die sich zum Weltenraum weitet«.[15] Den einst von Mozart in *Cosi fan tutte* beschworenen »Odem der Liebe« greift Richard Wagner als »Liebeshauch« wieder auf. Sein Biograph Carl Friedrich Glasenapp berichtet in seiner sechs Bände umfassenden Hagiographie, daß Wagner sich den »letzten Mozartianer, Nachfolger Mozarts« nennt: »Er verwies hierbei als Beispiel auf Brünnhildes Worte aus dem 3. Aufzug *Walküre*, ›der diese Liebe mir ins Herz gehaucht‹.«[16]

Der Weltatem, der »Liebeshauch« aus Isoldes Liebesverklärung, der das gesamte All erfüllt, kann – um eine Parallele aus der Relativitätstheorie zu finden – als gekrümmter Lichtstrahl interpretiert werden, der auf einer geodätischen Linie den gesamten Kosmos durcheilt, um am Ende der Zeit an seinen Ursprung zurückzukehren. Aus den Einsteinschen Feldgleichungen der Gravitation kann man diese geodätische Linie berechnen. Die Krümmung der Geodäte (Großkreis), die in der Newtonschen Theorie als Wirkung der Anziehungskraft betrachtet wird, erscheint in der Einsteinschen Theorie als Folge der Krümmung der raumzeitlichen Welt, als Krümmung des Raumes selber, deren geradeste Linie sie ist.

Carl Friedrich Glasenapp hat den Hinweis auf Mozart und den »Liebeshauch« vermutlich aus dem Tagebuch von Cosima Wagner. Es finden sich nämlich in Glasenapps *Leben Richard Wagners* – sechs Bände, erschienen 1894 bis 1911 – einige biographische Details, die nur in den erstmals 1976 veröffentlichten Tagebüchern zu finden sind. Daß er alle unangenehmen Bemerkungen Wagners unberücksichtigt ließ, macht die Problematik dieses enormen Fleißwerks aus. Jedenfalls findet sich unter »Sonntag 1ten« (Dezember 1878): »Richard klagt, wie wenig das Schönheits-Gefühl, ›in welchem ich mich den Nachfolger Mozart's nenne‹, beachtet worden ist, wie z.B. das in der Walküre, wie Brünnhilde von Siegmund zu Wotan spricht.«[17] Die genaue Analyse der Motive läßt aber nur den Schluß auf die von Glasenapp angeführte Stelle zu, weil sie im ersten Teil das »Mitleidsmotiv« Brünnhildes mit Wotans »Motiv der Mühsal« im darauffolgenden Teil verbindet. Wagner muß, trotz der gesanglichen Schwierigkeit, auf das »gehaucht« einen besonderen Wert gelegt haben. In der Erstausgabe seiner *Gesammelten Schriften und Dichtungen* steht: »Der mir in's Herz / diese Liebe gehaucht«.[18] In der der Originalpartitur entsprechenden Ausgabe von C. F. Peters Frankfurt/M. (o.J.) findet sich auf Seite 617f.: »Der diese Liebe mir in's Herz gehaucht«.[19]

Wie wichtig Richard Wagner diese Passage war, verdeutlicht eine Tagebucheintragung vom 29. November 1878. Dort heißt es: »Dann beim Gesang der Atem, Beispiel: Materna, ›das gute Tier hat von mir gelernt‹, zitiert aus Walküre die Stelle, ›Der mir in's Herz diese Liebe gehaucht‹, welche sie in einem Atem sang.«[20] Mit dem »guten Tier« ist die damals berühmte, hochdramatische Amalia Materna gemeint, die Brünnhilde des ersten Bayreuther *Ringes* von 1876. In seiner Schrift *Über Schauspieler und Sänger* von 1872 nennt Wagner die dramatische Sängerin, die ihm bei der Skizzierung der Musik zur *Götterdämmerung* vorgeschwebt hat: Wilhelmine Schröder-Devrient. Auf diese Äußerung Wagners verweist Curt von Westernhagen und fährt fort, daß »wir meinen, in den kleinen unbegreiflichen Zügen der Partie der Brünnhilde noch den Hauch ihres Atems zu spüren«.[21]

Der erst 17jährige Wagner hatte die 24jährige Wilhelmine Schröder-Devrient als Leonore in Beethovens *Fidelio* gehört. Von ihrem dramatischen Vortrag war er so hingerissen, daß er sofort nach der Vorstellung einen Brief an sie schrieb, den sie Jahrzehnte aufbewahrte. Sie war das Urbild seiner Vorstellung von einem Sänger-Darsteller. Er betonte, alles, was er über den Mimus wisse, habe er von dieser Frau gelernt.

Jürgen Kesting, einer der besten Kenner der menschlichen Gesangsstimme, überschreibt in seiner *Callas*-Biographie ein Kapitel mit »Vom Atem der Seele« und zitiert Richard Wagner, wie er von Wilhelmine Schröder-Devrient spricht: »Sie hatte gar keine ›Stimme‹, aber sie wußte so schön mit ihrem Atem umzugehen.«[22]

Bei der kosmologischen Deutung von *Ring* und Universum ist zu beachten, daß der Lichtstrahl, von dem gesagt wurde, er kehre an seinen Ursprung zurück, keinen echten Kreis beschreiben kann. Im Gesamtgeschehen des Raum-Zeit-Kontinuums, wie es die Relativitätstheorie erfaßt, verzerrt die zwischen Anfang und Ende der Reise des Lichts abgelaufene Zeit die Ringstruktur zu einer Spirale. Goethe sagt in einem Brief an Zelter vom 11. Mai 1820 im Zusammenhang mit der altpersischen Dichtung, hier begegne ihm »heiterer Überblick des beweglichen, immer kreis- und spiralartig wiederkehrenden Erdetreibens«. Dieter Borchmeyer kommentiert in *Goethe. Der Zeitbürger*: »Diese zyklisch-spiralische Struktur kennzeichnet aber auch Wagners Tetralogie, da durch die Leitmotivik die individuellen Ereignisse auf prototypische, immer wieder reaktualisierbare Ereignismuster projiziert werden; die Simultaneität dieser Muster überwölbt die Sukzession jener Ereignisse.«[23] Ebenso könnte das, was wir unser Universum nennen, ein Teil des Zyklus ewig wiederkehrender Universen sein. Der Urknall, der zu unserem Universum führte, wäre dann lediglich ein kleines Ereignis in einem viel größeren Gebilde.

Die kreisenden Bewegungen aller Himmelskörper führen zu Abplattungen an ihren Polen. Dies ist uns erstmals an unserer Erde aufgefallen. Schwarze Löcher, Himmelskörper mit einer so unvorstellbaren Dichte ihrer Materie und einer daraus folgenden extremen Gravitationskraft, die selbst Lichtstrahlen zurückhält, rotieren ebenfalls. Aus der allgemeinen Lösung der Einsteinschen Gleichungen zur Gravitation folgt, daß in der Nähe eines Schwarzen Loches, wie beispielsweise am Beginn des Universums im Urknall, der Raum selbst zu einer Spiral- oder Wirbelstruktur verbogen wird. Die Ereignisse in diesem Raum, in der Welt, müssen sich daher in einer spiraligen Sukzession wiederholen. Im Schwarzen Loch wäre ein Reisender Gefangener eines zyklischen Universums, in dem er periodisch, bei jeder »Umrundung« des Schwarzen Loches, dieselben Ereignisse wiedererlebt. Weil es Schwarze Löcher gibt, sind Raum und Zeit kein Kontinuum. Schwarze Löcher könnten sogar Tore zu anderen Raumzeiten sein, die aus der unsrigen hervorgehen. Wie es mit der Simultaneität und der Sukzession von Ereignissen bei Prozessen aussieht, die sich mit Lichtgeschwindigkeit ausbreiten, wird später ausgeführt.

Mit dem »Liebeshauch« nehmen Mozart und Wagner einen mythischen Topos auf. Der griechische Ausdruck Pneuma (Luft, Hauch) bezeichnet das Eindringen des göttlichen Odems in den Menschen. Hesiod, vom Geist der Musen erfüllt, erklärt, sie seien ihm durch göttliche Stimmen »eingehaucht« worden. Auch die dichterische oder musikalische »Inspiration« weist noch im Wortstamm auf das lateinische »spirare« (atmen) hin. Apollon erscheint als Gott der Inspiration, der Eingebung. Mit dem pneumatischen »Liebeshauch« vollzieht sich auch in der antiken Mythologie eine göttliche Epiphanie. Der Atem, mit dem Gott dem toten Lehmklumpen Leben einhaucht, gehört in dieses Umfeld. Odem wird zum Metonym für »Leben«, das Ende des Lebens ist das Aushauchen des letzten Atemzugs.

Wagner variiert diesen Topos an vielen Stellen. So etwa, wenn Elsa in der zweiten Szene des zweiten Aufzugs von *Lohengrin* beseligt singt: »Euch Lüften, die mein Klagen / so traurig oft erfüllt, / euch muß ich dankend sagen, / wie sich mein Glück erfüllt. / Durch euch kam er gezogen, / ihr lächeltet der Fahrt.« Der Schwanenritter kam also durch die Lüfte gezogen. Aber noch im selben Aufzug berichtet Telramund von Lohengrin: »Wer ist er, der an's Land geschwommen, / geführt von einem wilden Schwan?« War er nun geflogen oder geschwommen? Gleichviel, im dritten Aufzug sagt Lohengrin zu Elsa: »O, gönne mir, daß mit Entzücken / ich deinen Athem sauge ein!« Und wenn Wagner, wie nach dem Überfall der vier brabantischen Edlen auf Lohengrin, in einer langen Generalpause des Orchesters das Entsetzen darüber ausdrücken will, heißt es in der Bühnenanweisung: »Lange athemlose Stille«.

Im *Ring* können die Walküren »in voller Waffenrüstung« sogar durch die Lüfte reiten. Wagner überschreibt ein Albumblatt mit dem Vorspiel zum dritten Aufzug *Walküre*, dem Walkürenritt: »So reitet man in der Luft.« Gustav Freytag bemerkt in seinen *Lebenserinnerungen* im Zusammenhang mit *Siegfrieds Tod. Eine Tragödie*: »Der Inhalt aus der nordischen Heldensage stand ihm noch nicht fest, aber was ihn für die Idee begeisterte, war ein Chor der Walküren, die auf ihren Rossen durch die Lüfte reiten.« Die Musik des Walkürenritts läßt uns nicht nur durch die Lüfte reiten, sie wird in Coppolas Film *Apocalypse Now*, in perverser Umkehrung, zur Begleitmusik des Todes, wenn über einem friedlichen vietnamesischen Dorf zum »Hojo-to-ho« der Walküren Napalmbomben abgeworfen werden.

Im zweiten Aufzug der *Walküre* greift Wagner den antikchristlichen Topos wörtlich auf; Wotan: »Ihres eig'nen Muthes / achtest du nicht.« Fricka: »Wer hauchte Menschen ihn ein? / Wer hellte den Blöden den Blick?« Das göttliche enépneusan, das Wissen, wird zur Erkenntnis, zur Gefahr für die mythische Weltordnung. Zur Rettung der alten Weltordnung verlangt Fricka jetzt das Sohnesopfer von Wotan: »Der Wälsung fällt meiner Ehre: – / empfah' ich von Wotan den Eid?« Zu Beginn des neuen Jahrtausends klingt das »göttliche« enépneusan noch bei Lee Silver wieder an, einem Professor für Molekularbiologie an der Princeton University, wenn er im Magazin *Der Spiegel* im Jahre 2000 über das menschliche Genomprojekt spricht, mit dem »wir unser Wissen darüber nutzen, wie die Evolution einem schimpansenähnlichen Hirn schließlich Bewußtsein eingehaucht hat«.[24]

Die Welt des blinden Sängers Homer konnte nur eine Welt des Hörens sein. Die Rhapsoden waren im Altertum die Verbreiter der epischen Dichtung. Sie standen auf einem Hochtritt vor der festlichen Menge und rezitierten aus dem Gedächtnis. Allerdings kennt Homer nur den aiodos, den Sänger, der zur Leier vorträgt. Mit der Erfindung der Oper wollten die Mitglieder im Umkreis der Florentiner »Camerata« an diese Tradition des Sängers – mit Orpheus als Urbild – um 1580 anknüpfen. Es war eine Rückkehr zum Ursprung erzählenden Singens. Die Forderung der »Camerata« nach einer Wiederbelebung der antiken Einstimmigkeit als Voraussetzung für die Verschmelzung von Textvortrag, Affektausdruck und Gesang war Ausdruck einer grundsätzlichen Ablehnung der Mehrstimmigkeit und eine Vorwegnahme der Kritik Richard Wagners an den Opernzuständen seiner Zeit. Der Ursprung der Oper bedeutet die Erhebung des Gesangs zur Tonsprache. Wagners »unendliche Melodie«, die nicht mehr streng zwischen rezitativischen und melodischen Teilen unterscheidet, knüpft an die toskanischen Opernerfinder an. Denn der *stilo rappresentativo* sollte nichts anderes sein als die melodische Fixierung des Tonfalles der überall mit dem größten und wahrsten dramatischen Gefühlsausdruck deklamierten Sprache. In der unendlichen Melodie sollte der Musiker das Unaussprechliche sagen, für das der Dichter keine Worte findet: »Der Musiker ist es nun, der dieses Verschwiegene zum hellen Ertönen bringt, und die untrügliche Form seines laut erklingenden Schweigens ist die *unendliche Melodie*.«[25]

»Le mythe est une célébration en parole« (der Mythos ist ein Fest in Worten), schreibt der niederländische Religionswissenschaftler Gerardus van der Leeuw in *Über das Wesen der Religion und seine Manifestation.*[26] Nach griechischer Auffassung feiert das Fest den Augenblick des Vollzugs eines menschlichen oder göttlichen Werkes: mit den olympischen Spielen die meisterliche Beherrschung des Körpers; mit den dramatischen und poetischen Vorführungen die Vollbringung einer geistigen Tat. Warum dann nicht ein Fest des Mythos in Gestalt einer »Tragödie aus dem Geist der Musik«? Wagners Festspielidee hat hier ihren geistigen Ursprung. In *Eine Mitteilung an meine Freunde* von 1851 schreibt er: »An einem eigens dazu bestimmten Feste gedenke ich dereinst im Laufe dreier Tage mit einem Vorabende jene drei Dramen nebst einem Vorspiele aufzuführen.«[27]

Wenn Homer seine Epen in Gesänge einteilt, spiegelt dies den engen Bezug zur Musik in den mythischen Weltbeschreibungen wider. Die *Ilias* beginnt mit dem Vers: »Singe den Zorn, o Göttin, des Peleiden Achilleus«; die *Odyssee*: »Sage mir, Muse, die Taten des vielgewanderten Mannes / Welcher so weit geirrt, nach des heiligen Troja Zerstörung.« Ein Wanderer also, nach der Zerstörung einer heiligen Burg, schlau, listig und tatenreich – ein rechter Wotan/Wanderer? Polýtropos ist einerseits viel herumgekommen, andererseits auch flexibel und findig. Im Wort »verschlagen« finden wir beide Bedeutungen. Die Stätten Walhall und Troja sind nach Wagners fester Überzeugung durch ein mythisches Band zusammengehalten. Die Entsprechungen sind in der Tat auffallend: Der Sturz Trojas, verursacht und eingeleitet durch einen Liebesschacher, erinnert mit dem Raub Helenas und dem Raub des sagenhaften Schatzes des Priamos an den »Erwerb« Walhalls; er reflektiert auch die mythische Gleichartigkeit der archaischen Bilder. Wagner, der die Franken als Abkömmlinge der Nibelungen ansieht, fabuliert in seiner frühen *Ring*-Annäherung (Sommer 1848) *Die Wibelungen. Weltgeschichte aus der Sage* ein ganzes Kapitel lang allen Ernstes über die »Trojanische Abkunft der Franken«.[28] Mit Hilfe eines »etymologischen Hochseil-Kunststückes«, wie Gregor-Dellin es genannt hat, wurde »Friedrich der Rotbart unvermittelt ein Sproß des Gottessohnes Siegfried«.[29] So frei und kombinatorisch kühn mit der Geschichte umgehen kann nur der, dem die Geschichte wenig mehr als Urstoff für seine künstlerischen Arbeiten ist.

Aus römischer Zeit sind keine Versepen bekannt, die in Gesänge eingeteilt sind. Auch bei Dantes Vorbild Vergil (70–19 v. Chr.), eine der Hauptfiguren in der *Göttlichen Komödie*, findet sich in der *Aeneis* keine Einteilung in Gesänge. Dantes großes Weltgedicht *Die göttliche Komödie*, eine mythische Kosmologie, ist in 100 Gesänge eingeteilt. In John Miltons *Paradise Lost* heißt es gleich zu Anfang im 1. Buch: »Sing, heavenly muse, that on the secret top / Of Oreb, or of Sinai ...« Und noch bei Klopstock im ersten Gesang seines *Messias*: »Sing, unsterbliche Seele, der sündigen Menschen Erlösung.« Auf die Bedeutung des epischen Gesangs bei Orpheus oder bei den provenzalischen Troubadours soll hier nur beiläufig hingewiesen werden. Die mythische Beziehung des Liedgesanges zeigt auch die Anrufung eines Gottes vor einer Opferhandlung. Es ist der anrufende Hymnos, vorgetragen unter Musikbegleitung von einem einzelnen oder einem Chor. Mythos, Gesang und Musik bilden in der Geschichte des Abendlandes eine untrennbare Einheit.

Die emotionale Wirkung des hörend Wahrgenommenen drückt das Wort »Stimmung« in seiner Beziehung zum Wort, zur Stimme anschaulich aus. So bemerkte Friedrich Schiller einmal: »Eine gewisse musikalische Gemüthsstimmung geht vorher, und auf diese folgt bei mir erst die poetische Idee.« Die Welt der Töne und Klänge wirkt direkt auf das Unbewußte. Dies muß man sich immer vor »Ohren halten«, wenn man Schöpfung und Untergang des musikdramatischen Kosmos in der *Ring*-Tetralogie erlebt. Hier liegt auch die Wurzel für die emotional aufgeheizte »Stimmung« durch Marschmusik, aber auch für den gegenteiligen Effekt der Beruhigung durch bestimmte musikalische Rhythmen, mit denen beispielsweise Orpheus die Furien und Tamino in der *Zauberflöte* die wilden Tiere besänftigt. Eduard Hanslick, einer der unerbittlichsten Kritiker Wagners, geht in seinem Buch *Vom Musikalisch-Schönen* 1854 darauf ein, wenn er schreibt: »Müssen wir auch das Vermögen, auf die Gefühle zu wirken, allen Künsten ausnahmslos zuerkennen, so ist doch der Art und Weise, wie die Musik es ausübt, etwas Spezifisches, nur ihr Eigentümliches nicht abzusprechen. Musik wirkt auf den Gemütszustand rascher und intensiver als irgend ein anderes Kunstschöne.«[30] Die Überzeugung von der emotionalen Macht der Musik finden wir nicht nur beim Musikkritiker Eduard Hanslick, der in der Tradition der Spätromantik aufgewachsen ist; wir finden sie auch noch bei dem schon zitierten Astronom Barrow wieder: »Musik hat die Macht, menschliche Emotionen in einer Weise zu beeinflussen wie keine andere Form organisierter Komplexität.«[31] Und Wagner sagt in *Oper und Drama*, wenn er von den unterschiedlichen Empfindungen spricht, die die Musik vermittelt: »Diese Kundgebung ist nur in der Musik nach ihrer Fähigkeit der harmonischen Modulation möglich, weil sie einen bindenden Zwang auf das sinnliche Gefühl ausübt, zu dem keine andere Kunst die Kraft besitzt.« Hanslicks 1854, also nur drei Jahre nach Wagners Kunstcredo *Oper und Drama*, erschienene Schrift steht im schärfsten Gegensatz zu Wagners Kunstauffassung. Für Hanslick stellt die absolute Musik das Höchste aller musikalischen Kunst dar. Für Wagners »Kunstwerk der Zukunft« gibt es die absolute Musik überhaupt nicht.

Wagner war, wie jeder Komponist, von der unmittelbaren Beziehung des Hörens zum Unbewußten zutiefst überzeugt. In Schopenhauers *Zur Metaphysik der Musik* konnte er nachlesen, daß »die Musik unmittelbar den Willen selbst darstellt«

und hieraus auch erklärlich ist, daß »sie auf den Willen, d.i. die Gefühle, Leidenschaften und Affekte des Hörers, unmittelbar einwirkt«. Die unendliche Melodie hält uns emotional in ihrem Bann, läßt uns nicht einen Augenblick los. Am Schluß des *Rheingold* beschwört Erda Wotan mit einem dreifachen »höre! höre! höre!«, den verfluchten Ring zu meiden. Ein anderer eindrucksvoller Beleg für die Empfänglichkeit und Beeinflußbarkeit des Unbewußten durch das hörend Wahrgenommene findet sich zu Beginn des zweiten Aufzugs der *Götterdämmerung*: »(es ist Nacht) Alberich: ›Schläfst du, Hagen, mein Sohn? / Du schläfst und hörst mich nicht, / den Ruh und Schlaf verriet.‹« Träume sind nach mythischer Vorstellung aus Nachtsubstanz hervorgegangen; sie sind, nach Hesiod, Kinder der Nacht. Bühnenanweisung *Götterdämmerung* zweiter Aufzug: »Hagen (leise, und ohne sich zu rühren, so daß er immerfort zu schlafen scheint, obwohl er die Augen starr und offen hält): ›Ich höre dich, schlimmer Albe: / Was hast du meinem Schlaf zu sagen?‹« Die starr offenen Augen sehen nicht mehr, die Welt wird nur noch hörend wahrgenommen.

Auch hier zitiert Wagner die mythische Einheit von Traum und Wirklichkeit: Athene, die zur schlummernden Nausikaa, oder Zeus, der zum schlafenden Agamemnon spricht. So erschafft Wagner die Beziehung über den akustischen Vorgang. Das Böse, verkörpert in Alberich, spricht zum Schlaf, zum Unbewußten. Dem unbewußten Zwang unterworfen, kann Hagen kein freier Mann, kein Froher mehr sein. Und er bekennt es selber im ersten Aufzug der *Götterdämmerung*, wenn er von Siegfried und Gunther spricht: »Ihr freien Söhne, / Frohe Gesellen, / Segelt nur lustig dahin.« Freia und Froh, die unbelasteten Lichtgestalten, werfen einen letzten, wehmütigen Schein auf den von schwarzer Nacht und Schlaf umfangenen, unfreien Albensohn.

Mit der intellektuellen Konstruktion von Weltnachschöpfungen besitzt jeder Mensch eine ihm eigene und gemäße Welt. Wenn, wie Kant in der *Kritik der reinen Vernunft* sagt, bestimmte Erkenntnisse und Anschauungen dem Menschen a priori eigen sind, so folgt daraus, daß jeder Mensch gedanklich der Schöpfer seiner eigenen Welt ist. Die objektive Existenz der Außenwelt wird damit nicht in Frage gestellt. Nur kann eben die Welt als Ganze für den Menschen kein Objekt sein. Diese Methode der Unterscheidung ist lediglich ein heuristisches Prinzip zu einem besseren Verständnis der Welt. Wir nehmen alle Phänomene durch den Filter unserer Emotionen und unseres Wissens wahr. Nach Kant sind Raum und Zeit nur Formen unserer Anschauung, nicht Eigenschaften der Welt an sich, und Kausalität ist nur eine Grundform des Denkens, nicht Aussage über die Wirklichkeit selbst. Wagner hat diese Kantische Grundanschauung, die er bei Schopenhauer fand, vorbehaltlos übernommen: »Da wir uns nichts durch Begriffe aneignen, was wir nicht zuvor angeschaut.«[32]

Auch die Welt der Relativitätstheorie und der Quantenphänomene ist eine ästhetische Konstruktion unseres Denkens, eine Ansicht der Wirklichkeit, die uns hilft, die Tatsachen unserer unmittelbaren äußeren Erfahrung zu ordnen. Wie begrenzt und fehlerbehaftet dieser subjektive Ausschnitt auch sein mag, er ist die einmalige Welt jedes einzelnen Individuums. Jede naturwissenschaftliche Weltdeutung stellt, wie die künstlerische, eine subjektive Projektion dieser Vorstellungen dar, die an keiner Stelle zwischen Himmel und Erde unterscheidet. Sie kann mit Recht ein subjektiver Weltschöpfungsmythos genannt werden. Friedrich Nietzsche sagt in *Die Geburt der Tragödie*, daß »die Musik das Abbild des Ur-Einen, eine Wiederholung der Welt und ein zweiter Abguß derselben genannt werden kann«. Und Mircea Eliade, einer der führenden Religionsforscher der Gegenwart, erkennt eine immer neue Wiederholung der Kosmogonie, indem »jeder Schaffensakt den wesentlichen kosmogonischen Akt: die Erschaffung der Welt«[33] wiederholt.

»Vorstellung – das Anfertigen von Bildern – ist die Wurzel aller menschlichen Kreativität, und leitet unsere bewußte Erfahrung der Welt.«[34] Dieser Satz stammt von dem schon zitierten Astronom Barrow. Da jeder Mensch eine Vorstellung von Welt, ein Bild der Welt als Ganze, hat, muß diese Fähigkeit ein Relikt der Evolution sein und in der Struktur und Organisation der Gene liegen. Allerdings scheinen nur wenige willens oder fähig, diese Vorstellung zu konkretisieren: sei es als naturwissenschaftliche Theorie, als Schöpfungsmythos oder eben als Kunstwerk. Gerhard Roth, Direktor eines Instituts für Hirnforschung, drückt es so aus: »Die Erfindung einer bewußten phänomenalen Welt, in der das Ich scheinbar direkt die Welt wahrnimmt und auf sie direkt einwirkt, ohne daß es sich um die unendlich komplizierten neuronalen Prozesse kümmern muß, die dazwischen geschaltet sind, scheint außerordentlich vorteilhaft für die Planung von Handlungen, Vorstellungen, für das strategische Denken und insbesondere auch für das Sprechen mit Hilfe einer komplizierten syntaktischen Sprache zu sein.«[35]

Und Richard Wagner äußert sich ähnlich, wenn er 1851 in seiner Schrift *Oper und Drama* anmerkt:

»Der Mensch ist auf zwiefache Weise Dichter: in der *Anschauung* und in der *Mitteilung*. Die *natürliche* Dichtungsgabe ist die Fähigkeit, die seinen Sinnen von Außen sich kundgebenden Erscheinungen zu einem inneren Bilde von ihnen sich zu verdichten; die *künstlerische*, dieses Bild nach Außen wieder mitzuteilen.«[36]

# ZWEITER TEIL

# Kosmologie im *Ring des Nibelungen*

## *Schöpfung: creatio ex nihilo*

Der englische Kosmologe Stephen Hawking, Vordenker der Urknalltheorie und der Theorie der Schwarzen Löcher, äußerte in einem Interview mit der BBC: »Im Sommer 1985 war ich in Genf, am CERN, dem großen Teilchenbeschleuniger [»Mekka« der Elementarteilchenphysiker und Kosmologen, H.M.] und wollte von dort nach Bayreuth, um Wagners *Ring*-Zyklus zu hören.«[1] Was mag Urknalltheorie und Schwarzes Loch mit Wagners *Ring* verbinden? Ein Schwarzes Loch ist ein Gebilde mit einer so unverstellbaren Gravitationskraft, daß nicht einmal das Licht und folglich auch keine Information aus ihm heraus entkommen kann. Unsere Informationen können daher nur indirekte, abgeleitete sein. Trotzdem müssen Schwarze Löcher der Theorie nach existieren. Außerdem liegt die Annahme nahe, daß unser gesamtes Universum aus einem Schwarzen Loch hervorgegangen ist. Ein Schwarzes Loch ist die Wirklichkeit des Unwirklichen, eines Wirklichen, das man niemals direkt erfahren oder kommunizieren kann. Wenn man so will: ein rein hypothetisches, ein ästhetisches Gebilde. Auch Kunstwerke sind vor allem ästhetische Gebilde mit einer komplizierten Kommunizierbarkeit. Realität, Erzeugnisse der Phantasie und Gebilde des Denkens verweben sich zu einer höheren Wirklichkeit, die nicht nur an ein Kunstwerk erinnert, sondern ein schöpferisches Werk sui generis darstellt. Aus diesen Überlegungen sind für mich die Verbindungen zum *Ring* hervorgegangen; angeregt auch durch ein längeres Gespräch, das ich mit Hawking 1991 in Bayreuth am Rande der Festspiele führte.

Die Musik im *Ring des Nibelungen* zeigt Wagners Fähigkeit, menschliche Charaktere in die Klanggestalt einer einzigen musikalischen Phrase zu übertragen oder Naturbilder, wie das Waldweben im *Siegfried* oder den Feuerzauber in der *Walküre*, mit außergewöhnlicher Eindringlichkeit in suggestiven Farben der Orchestration vor dem inneren Auge erstehen zu lassen. Das Gehörte ist nur ein anderer Aspekt der Wirklichkeit auf der Bühne. Die Erzeugnisse der musikalischen Erfindung und Phantasie sind für ihn nicht Denkgebilde, sondern unmittelbare Realitäten, denn er unterscheidet nicht mehr zwischen Bühnenwirklichkeit und Realitätswelt. Etwas Ähnliches empfindet auch der Naturwissenschaftler; Albert Einstein umschrieb es einmal so: »Wer da nämlich erfindet, dem erscheinen die Erzeugnisse seiner Phantasie so notwendig und naturgegeben, daß er sie nicht für Gebilde des Denkens, sondern für gegebene Realitäten ansieht und angesehen wissen möchte.«[2]

Der *Ring* ist häufig, zuletzt in einer umfassenden Analyse von Dieter Borchmeyer in *Goethe. Der Zeitbürger*, in seiner Inkommensurabilität mit dem *Faust* verglichen worden. Welt bedeutet für den Komponisten des *Rings* nicht allein die uns umgebende, irdische Welt, sondern das gesamte Universum, das Weltall. Wagner sah den *Ring* bewußt als Beitrag zur Philosophie des gesamten Universums. So ist der *Ring* »kein reines

Drama im gewöhnlichen Sinne des Wortes, sondern wirft Licht auf die Menschheit und das Universum«.[3] Weltherrschaft ist daher für Wagner immer auch Herrschaft über das gesamte All. So heißt es im ersten Aufzug des *Siegfried*: »Mime, der kühne, / Mime ist König / Fürst der Alben / Walter des Alls!« In seiner Schrift *Kunst und Klima* geht er weit über die irdischen Grenzen hinaus, denn »dieser ganzen Erdnatur, wie sie im Zusammenhange mit dem ganzen Weltall von Ihnen erkannt worden ist, wenden sich nun die gemeinsamen Menschen der Zukunft zu, nicht aber mehr als zu ihrer Schranke«.[4]

Weltschöpfung, Evolution und Ende weisen in Wagners musikdramatischem Entwurf so frappierende Übereinstimmungen mit den Erkenntnissen der modernen naturwissenschaftlichen Deutung von Anfang, Entwicklung und Ende des Kosmos auf, daß man fragen muß, warum dieses Phänomen so lange übersehen worden ist. Vielleicht erklärt es sich aus der Scheu vor einer Entmythologisierung der Schöpfung, wie sie uns in Relativitäts- und Quantentheorie und zuletzt in der Gentechnologie entgegenzutreten scheint. Wie wenig begründet diese Scheu ist, zeigt sich darin, daß auch die moderne Naturwissenschaft einen Mythos etabliert. Die »Entzauberung der Welt« durch Naturwissenschaft und Aufklärung, wie Horkheimer und Adorno es genannt haben – und wie Schiller sie in »Die Götter Griechenlands« zum Ausdruck brachte: »Wo jetzt nur, wie unsere Weisen sagen, / Seelenlos ein Feuerball sich dreht« –, ist aber eine vermeintliche, denn schon der Mythos ist Aufklärung, und diese »schlägt in Mythologie zurück« (*Dialektik der Aufklärung*). Die modernen Naturwissenschaften erzählen allerdings ganz neue Mythen und Fabeln, die uns ungeahnte Dimensionen der Wirklichkeit erschließen. Das Medienspektakel 2000 um die sogenannte Entschlüsselung des gesamten menschlichen Erbgutes lieferte hierfür ein anschauliches Beispiel.

Der (Heiz-)Kraft des »seelenlosen Feuerballs« liegt atomphysikalisch eine Symmetriebrechung zugrunde, der β-Zerfall der schwachen Wechselwirkung. Auch für die Entstehung des Universums ist eine Symmetriebrechung verantwortlich. Entstehung des Universums als Symmetriebruch: Das ist ein geheimnisvoller, längst noch nicht ganz verstandener »Schöpfungsakt«, dem alle lebendigen Erscheinungen sich verdanken. Die modernen Naturwissenschaften haben zu einer »Berechenbarkeit der Welt« geführt und doch dabei einen neuen Mythos etabliert. Es ist ein kosmologischer Mythos, der annimmt, daß die gesamte Natur in der Sprache der Mathematik chiffriert sei. Der Zusammenhang zwischen Mythos, Mathematik, Musik und Naturwissenschaft, wie er für Platon selbstverständlich war, wurde zeitweise nur nicht wahrgenommen. So wird verständlich, warum es eine große Fülle von Darstellungen, Abhandlungen und Inszenierungen zum *Ring* gibt, die seine Beziehung zum griechischen Mythos untersuchen, zur Ideengeschichte des 19. Jahrhunderts, zum Kapitalismus, zur Politik, zum Judentum, zu Sigmund Freud und Carl Gustav Jung. Es ist auffällig, daß sich heute das Interesse an Wagners Werk weniger auf das musikalische System, auf die musikalische Struktur oder die Wiedergabe richtet, sondern zunehmend auf die philosophische oder ideengeschichtliche Bedeutung einer Inszenierung. Spätestens seit George Bernard Shaws *The Perfect Wagnerite* (1898) hat sich gezeigt, daß »die mythischen Bilder nicht nur in eine archaische Vergangenheit zurückweisen, sondern zu Chiffren moderner Erfahrung werden«.[5] Und hier wäre zu ergänzen: zu Chiffren der modernen naturwissenschaftlichen Welterklärung. Es findet sich jedoch bisher keine Darstellung, welche die Parallelen des *Rings* zu den Er-

kenntnissen und Deutungen der modernen Kosmologie aufzeigt. Auf diese Zusammenhänge machte die szenische Realisation
des Anfangs von *Rheingold* in der Bayreuther Inszenierung
(1988–1992) von Harry Kupfer[6] aufmerksam, die mit Hilfe
eines Laserstrahls den punktförmigen Beginn des Urknalls
evozierte.

Wie viele Künstler zeigte Wagner gegenüber den Naturwissenschaften ein ausgeprägtes Desinteresse. So bemerkte er Cosima gegenüber, er sei überzeugt, daß »das jetzige Studium der
Natur-Wissenschaften die Menschen vollständig herzlos«[7] mache. Indessen diskutierte er mit seinem Hausgenossen Heinrich
von Stein einige wissenschaftliche Erkenntnisse und Probleme,
die zu den bedeutendsten naturwissenschaftlichen Entdeckungen des 19. und 20. Jahrhunderts zählen sollten: den Satz von
der Erhaltung der Energie (Robert Mayer), die Evolutionstheorie (Charles Darwin), das Raum-Zeit-Problem (Albert Einstein) und die Kausalität (Quantentheorie).

Wagner kommt in seinem Weltschöpfungsmythos zu Vorstellungen, die den Erkenntnissen der modernen Kosmologie
ähneln. Die Welt als Ganze ist eine Gedankenkonstruktion
unseres Verstandes, unserer Vorstellung: ein intellektueller und
ein ästhetischer Entwurf, wie in den Naturwissenschaften.
Welterklärung durch einen musiktheatralischen Mythos reflektiert daher immer auch grundlegende naturwissenschaftliche Elemente. Daß die »Welt« im Bild abstrakter musikalischer
Vorgänge faßbar sei, analog zu abstrakten mathematischen
Formeln, ist eine Einsicht, die Wagner durch Arthur Schopenhauers *Welt als Wille und Vorstellung* bestätigt sah: »Während
dem versteckte ich mich tief in meine Arbeit, beendigte am
26. September die zierliche Reinschrift der Partitur des ›Rheingoldes‹, und lernte jetzt in der friedlichen Stille meines Hauses

ein Buch kennen, dessen Studium von großer Bedeutung für mich ward. Es war dies Arthur Schopenhauers: *Welt als Wille und Vorstellung.*«[8]

Das schreibt er in seiner Autobiographie *Mein Leben*. Auf den Zusammenhang und die Bedeutung von Schopenhauers Hauptwerk mit einem quasi biologischen Schöpfungsmythos, wie man ihn als direkten Einfluß in *Tristan und Isolde* nachweisen kann, ist an anderer Stelle hingewiesen worden.[9] Während sich im *Tristan* der Schopenhauersche Einfluß unmittelbar zeigen läßt, dichtet er im *Ring* ganz im Sinne des »großen Weisen aus Frankfurt«: »Wie im Traum ich ihn trug, / wie mein Wille ihn wies« (Wotan in *Rheingold*).

Auf Schopenhauers Hauptwerk hatte ihn Georg Herwegh hingewiesen. In *Mein Leben* charakterisiert Wagner den Dichter und Revolutionär Herwegh in einer gewissen aristokratischen Haltung »als fein gewöhnter, üppiger Sohn seiner Zeit, dem namentlich einige stets in seiner Rede einfließende französische Interjektionen ein sonderbar vornehmes, wenigstens verwöhntes Ansehen verliehen«.[10] Von ihm sagt Eliza Wille in ihren *Erinnerungen an Richard Wagner*: »Herwegh war nicht musikalisch, aber Wagner liebte seinen Umgang.«[11] Der Umgang mit Herwegh ist aber für unsere Betrachtung von besonderer Bedeutung. Wagner schreibt in einem langen Brief an August Röckel, den Revolutionsgenossen der Dresdner Zeit: »Die Natur liegt mir nicht so fern, als Du glaubst: bin ich selbst auch nicht mehr imstande, mich in einen wissenschaftlichen Verkehr mit ihr zu setzen. Dafür muß mir Herwegh dienen, der auch hier lebt und seit lange ein sehr gründliches Naturstudium treibt: durch ihn, den Freund, erfahre ich gar schöne, wichtige Dinge von der Natur, und sie bestimmt mich in Vielem und Großem. Nur wenn sie mir das eigentliche Leben, die Liebe – ersetzen soll, so lasse ich sie links: darin bin ich nun, wie

Brünnhilde mit dem Ringe. Lieber untergehen, selbst genußlos sein, als meinem Bekenntnisse entsagen.«[12] Ihm ging es um »Leben und Liebe«, nicht um ein Studium der Naturwissenschaften.

Wie nahe beide, Schopenhauer und Wagner, mit »Wille und Vorstellung« der modernen Beschreibung von »Welt und Bewußtsein« sind, zeigt die Definition von Bewußtsein des Hirnforschers Gerhard Roth: »Im Laufe der Evolution der Primaten bildete sich zusammen mit den erhöhten Anforderungen an die Planung von Handlungen, Vorstellung, das strategische Denken und die komplexe soziale Interaktion eine virtuelle Welt aus. In dieser Welt gibt es einen virtuellen Akteur, ein Ego, das plant, handelt und kommuniziert. Erst die Erfindung dieser phänomenalen Welt und des Ichs ermöglichten ein Überleben in jener komplexen, stark fluktuierenden biologischen und sozialen Welt, in der wir Menschen leben.«[13]

In der Quantenmechanik und der Quantenelektrodynamik sind »virtuelle Akteure« für eine grundlegende Darstellung der atomaren Welt unerläßlich. Auch die moderne Biologie beschreibt molekulare Strukturen, Gene nämlich, die für das menschliche Auge unsichtbar sind, in denen aber die Information für alle Lebensvorgänge verschlüsselt ist. Das mythische Element zeigt sich in der Vorstellung einer kontinuierlichen Entwicklung von einem biologischen Uranfang, einem *biologischen Urknall*[14], bis zu den heute Lebenden. Die kontinuierliche Aneinanderreihung von Geburt und Tod der einzelnen Individuen suggeriert eine ewige Dauer der Gene und damit die Unsterblichkeit des Individuums. Diese Erkenntnis der modernen Biologie unterscheidet sich nicht von der Unsterblichkeit, die sich auf mythische Überlieferung oder religiöse Überzeugungen beruft.

Setzt man »Wille« mit »Kraft« und »Vorstellung« mit »mathematischen Bildern« in eins, so befindet man sich mitten in der modernen Physik mit ihrer bildlichen Terminologie von Kräften und physikalischen Feldern. Für die physikalischen Gesetze aller im gesamten Universum vorkommenden Phänomene kommt die Physik mit drei Urkräften aus: der starken Kraft, die für den Zusammenhalt der Atomkerne verantwortlich ist; dann der elektroschwachen Kraft, die dem radioaktiven Zerfall und den elektromagnetischen Prozessen zugrunde liegt; und schließlich der Schwerkraft, der uns am längsten vertrauten Kraft, verantwortlich dafür, daß wir von einem herabfallenden Dachziegel erschlagen werden – was der dänische Philosoph Sören Kierkegaard immerhin für eine Lösung seiner existentiellen Probleme hielt.

In der Physik unterliegen Naturkräfte bestimmten Naturgesetzen. In der *Walküre* (zweiter Aufzug) sagt Wotan: »Des Urgesetzes / walt' ich vor allem: / Wo Kräfte zeugen und kreißen.« Diese Textstelle findet sich in der frühen Prosafassung und gehört zu den wenigen später nicht vertonten Teilen des *Ringes*. Man könnte darin eine Parallele zu den physikalischen Begriffen Urgesetz und Kraft sehen, wenn man bedenkt, daß Kraft in der Physik immer auch Energie bedeutet. Energie kann sich, Einsteins Gleichsetzung von Energie und Masse zufolge, zu Materie »verdichten«, das heißt, Materie (er)zeugen. In der Energiedichte des Urknalls sind die drei beschriebenen Kräfte noch in einer einzigen vereinigt. Die Welt, die aus ihnen erzeugt wird, entsteht durch Symmetriebrechung, gewissermaßen durch eine Störung der Urharmonie und in einer darauffolgenden Aufspaltung in drei, jetzt asymmetrische Kräfte. Wenn eine ursprünglich strenge Symmetrieeigenschaft in der heutigen Materie nur gestört in Erscheinung tritt, so kann das nur dadurch zustande gekommen sein, daß der Kosmos, in dem die Elementarteilchen entstehen, inzwischen weniger symmetrisch (harmonisch) ist als die Welt im Uranfang. Die Asymmetrie des Universums und die Symmetrie (Harmonie) des Uranfangs, im Sinne der Platonschen Ideen, gehören dialektisch zusammen: Harmoniebruch als Weltschöpfung.

Die Symmetrie und Harmonie vom Anfang des Orchestervorspiels des *Rheingold* ist ihrerseits Produkt reiner Phantasie und musikalischer Imagination: »Ich versank in eine Art von somnambulem Zustand, in welchem ich plötzlich die Empfindung, als ob ich in ein stark fließendes Wasser versänke, erhielt. Das Rauschen desselben stellte sich mir bald im musikalischen Klange des *Es-dur*-Akkordes dar, welcher unaufhaltsam in figurierter Brechung dahin wogte; diese Brechungen zeigten sich als melodische Figurationen von zunehmender Bewegung, nie aber veränderte sich der reine Dreiklang von *Es-dur*, welcher durch seine Andauer dem Elemente, darin ich versank, eine unendliche Bedeutung geben zu wollen schien. Mit der Empfindung als ob die Wogen jetzt hoch über mich dahinbrausten, erwachte ich in jähem Schrecken aus meinem Halbschlaf. Sogleich erkannte ich, dass das Orchester-Vorspiel zum *Rheingold*, wie ich es in mir trug, aber doch nicht genau hatte finden können, mir aufgegangen war.«[15] Dieser Darstellung in *Mein Leben* liegt eine Notiz aus den Annalen zugrunde: »Nachmittagsschlaf auf dem Kanapé: Erwachen mit Conception der Instrumentaleinleitung zum *Rheingold* (Es-Durdreiklang): Versinken im Rauschen der Wässer. Sofort Umkehr und Beginn der Arbeit beschlossen.« Das, was ihm in La Spezia wie ein Schrecken aufgeht, ist keine behutsame musikalische Entwicklung, sondern ein spontanes unwiderstehliches Naturereignis.

Der Begriff »Rauschen« aber erinnert an das aus der Radioastronomie bekannte, 1946 vorhergesagte und 1965 tatsächlich von den amerikanischen Radiotechnikern Arno Penzias und Robert Wilson entdeckte sogenannte Hintergrundrauschen der 3°-Kelvin-Reststrahlung. Dieses Rauschen durchwogt das bekannte Universum seit den ersten Augenblicken der Weltschöpfung. Hoimar von Ditfurth beschreibt es in *Im Anfang war der Wasserstoff* so: »Penzias und Wilson hörten als erste Menschen das Echo der Entstehung der Welt.« Diese Radiowellen stellen eine fundamentale Stütze der Urknalltheorie dar. Wagners Umschreibung einer figurierten Brechung wird als Symmetriebruch noch eine ganz wesentliche Bedeutung gewinnen. Das sogenannte »Rauschen« der Mikrowellen (3°-Kelvin-Wärmestrahlung) der kosmischen Hintergrundstrahlung ist allerdings ein Artefakt des Empfängers: Eine Temperaturstrahlung wird in ein akustisches Signal umgewandelt.

Daß wir Parallelen zwischen musiktheatralischer und kosmologischer Weltschöpfung erkennen, hängt auch damit zusammen, daß unser Bild von der Welt als Ganzer, sei dieses Bild nun künstlerischer oder physikalischer Natur, in der Beschaffenheit unserer Denkstrukturen im kleinen seine jeweilige Entsprechung hat. Außerdem haben Erkenntnisse der Quantentheorie gezeigt, wie sehr der Beobachter auch in experimentelle Meßprozesse eingebunden ist. Eine Form der Subjektivität, die bisher den philosophischen und künstlerischen Erkenntnis- und Schöpfungsvorgängen allein eigen gewesen sein soll. Oscar Wilde mag am Ende des 19. Jahrhunderts etwas von diesen Zusammenhängen geahnt haben, als er im *Bildnis des Dorian Gray* schrieb, daß es »eine geheime Verwandtschaft zwischen den chemischen Atomen, die sich zu Form und Farbe auf der Leinwand zusammensetzten, und der Seele, die in ihm war«[16], gab.

Unsere Vorstellungen und Bilder von den physikalischen Großstrukturen – von Planeten, Sternen und Galaxien – sind vermutlich gebunden an die mikrophysikalischen Gesetzmäßigkeiten der Quantenmechanik, wie sie auch für das Innere unserer Nervenstrukturen gelten. Die Formvorstellung von makrophysikalischen Phänomenen ist aufs engste verknüpft mit den quantenphysikalischen Gegebenheiten unserer Denkstrukturen. Es sind dies die genannten Paradoxien der Quantenmechanik und das Wesen des Bewußtseins, die beiden allergrößten Geheimnisse, die – Wheeler und Penrose zufolge – notwendig miteinander zu tun haben müssen.

Immanuel Kant hatte in seiner *Kritik der reinen Vernunft* als erster darauf hingewiesen, daß unsere Erfahrung über Raum, Zeit und Kausalität sich nach den Kategorien unseres Denkens ordnet. Die Trias eines »ontologischen Koordinatensystems« – Raum, Zeit, Kausalität – wird dann von Schopenhauer hinterfragt und von Wagner begierig aufgegriffen. Albert Einstein und die Quantentheorie haben ihr dann im 20. Jahrhundert die endgültige mathematisch-physikalische Form gegeben.

Der Mensch ist immer Teil des Ganzen, das er beschreiben und erfassen will. Die Beschreibung des Weltganzen erfolgt immer durch Bilder (Symbole) des Kreises, des Ringes, der Spirale. In allen grundlegenden Formeln der Quantenmechanik spielt die Kreiszahl Pi ($\pi$), die schon Archimedes bekannt war, eine wesentliche Rolle. Sie ist, mathematisch ausgedrückt, irrational und gibt das Verhältnis des Kreisumfangs zu seinem Durchmesser an. Werner Heisenberg schreibt dazu in seinem Buch *Der Teil und das Ganze*: »Alles Nachdenken über die Natur muß sich ja unvermeidlich in großen Kreisen oder Spiralen bewegen; denn wir können von der Natur nur etwas verstehen, wenn wir über sie nachdenken, und wir sind mit allen unseren Verhaltensweisen, auch dem Denken, aus der Geschichte der Natur hervorgegangen.«[17]

Insofern ist erklärlich, daß eine intuitiv-künstlerische ebenso wie eine intellektuell-naturwissenschaftliche Erklärung der Welt zu ähnlichen Bildern und Erklärungen kommen muß.

Beide Deutungen sind komplementäre Konstruktionen des menschlichen Intellekts. Sie basieren auf intuitiver Einsicht, künstlerischer Phantasie und forschender Neugier. Im vordergründigen Einerlei dessen, was wir Alltagswelt oder Geschichte nennen, finden weder die Deutungen der Relativitäts- und Quantentheorie noch das Weltgebäude des *Ringes* ihre Entsprechungen.

Die Welt in ihrer Gesamtheit ist den intuitiven und intellektuellen Fähigkeiten gleichermaßen zugänglich. Sie läßt sich als künstlerische Weltdeutung darstellen, durch physikalische Bilder beschreiben oder in kontemplativer Betrachtung erleben. Die bewußte Veränderung, die willentliche Gestaltung, ist den philosophischen, politischen und religiösen Systemen weitgehend abgenommen worden durch eine zutiefst irrationale technische Eigendynamik. In den *Maximen und Reflexionen* sagt Goethe unter »Denken und Tun«: »Der Handelnde ist immer gewissenlos; es hat niemand Gewissen als der Betrachtende.« Eben dies ist eine späte Erkenntnis des Wanderers Wotan, wenn er, eingedenk der Schuld, die er auf sich geladen hat, im zweiten Aufzug *Siegfried* Alberich erklärt: »Zu schauen kam ich, / nicht zu schaffen.« Nicht mehr gewissenlose Veränderung der Welt ist sein Ziel, sondern die erkennende Betrachtung ihrer Gesamtheit. Und um eben diese Zusammenschau bemüht sich auch die Physik des 20. Jahrhunderts mit der sogenannten »großen, vereinheitlichenden Theorie«: GUT (»grand unified theory«), der Suche nach der »Weltformel«. Die Weltformel soll die Quantentheorie mit der Relativitätstheorie vereinigen, soll die winzigen atomaren Teilchen mit den gewaltigen kosmischen Dimensionen zusammenschauen. Zusätzlich soll die Weltformel mathematische Ästhetik mit Einfachheit verbinden.

Die Quantentheorie bedeutete das Ende einer strikt mechanistisch determinierten Welterklärung. Der *Ring* nimmt den

Gedanken der Unbestimmtheit künstlerisch vorweg: So eindeutig determiniert der Anfang ist, Evolution und Ende der Welt sind es nicht, weder in der Kosmologie noch im *Ring*. Die Handlung der Tetralogie könnte an vielen Stellen immer auch einen anderen Verlauf nehmen. Auf diesen Komplex ist später, im Zusammenhang mit der »Summe über die Geschichte«, einem von Richard Feynman in die Quantenmechanik eingeführten Phänomen, einzugehen. Das Ende aber bleibt offen. »Die heutige Wissenschaft, soweit ich mit ihr durch meine eigene wissenschaftliche Arbeit vertraut bin, die Mathematik und Physik, zeigen die Welt mehr und mehr als eine offene Welt, als eine Welt, die nicht geschlossen ist, sondern die über sich selbst hinausweist.«[18] So beschreibt es der 1885 geborene Hermann Weyl in seinem Buch *The Open World*. Aus der Begegnung mit Einstein in Princeton entstand sein fundamentales Werk *Raum, Zeit, Materie*. Auch der Kunstmythos ist eine offene Welt, die über sich selbst hinausweist.

Den Anfang der Tetralogie gestaltet Wagner in Analogie zum Urknall in der Kosmologie. So wie im *Rheingold*-Vorspiel Musik als geordnete Welt aus den einfachsten musikalischen Elementen entsteht[19], so entsteht im Urknall eine geordnete Welt aus den einfachsten materiellen Elementen. Aus musikalisch sehr einfachen Leitmotiven entstehen kompliziertere Motive[20], ganz so, wie aus physikalisch einfachem Wasserstoff kompliziertere Atome entstehen.

Der Es-Dur-Akkord der ersten Takte des *Rheingold*-Vorspiels, das »Ur-Es«, entsteht voraussetzungslos aus dem Nichts. Es weckt die Empfindung, es könne nie eine Zeit vor dem Einsetzen des ersten liegenden Tones der geteilten Kontrabässe existiert haben: Entstehung der Welt als Entstehung der Musik. Auch die *Jüngere Edda*, die Richard Wagner gut kannte, liefert keine Erklärung für die Entstehung der Welt: Sie schildert voraussetzungslos. Newton und Kant gingen davon aus, daß Raum und Zeit auch dann blieben, wenn alle Dinge aus der Welt verschwänden. Nach der Relativitätstheorie verschwinden aber Zeit und Raum mit den Dingen. Auch wir verspüren beim *Rheingold*-Vorspiel kein Bedürfnis, nach etwas zu fragen, das möglicherweise vorher war. Der Begriff Zeit scheint sich mit dem Erklingen des Dreiklangs erstmalig zu konstituieren. Alles Sein entwickelt sich, homogen dahinfließend, aus einem Punkt heraus. Insofern war der punktförmig aus dem Dunkel des zeitlosen Nichts kommende, Raum und Zeit aus sich heraus gestaltende Laserlichtstrahl der Bayreuther *Ring*-Inszenierung (1988–1992) von Harry Kupfer das adäquate szenische Bild. Aus dem Urton »Es«, in seiner Dauer anfangs ein undifferenziertes Sein vergegenwärtigend, wird allmählich harmonisch-melodisches Geschehen. Der durch vier Takte liegende Ton im Oktavintervall stellt sich uns als jene Ungegliedertheit dar, die noch alle künftigen Möglichkeiten rhythmischer Gliederung und thematischer Gestaltung in sich trägt. Im fünften Takt legt sich dann ein zweites Urintervall darüber: die Quinte, ebenfalls in zeitloser, ungegliederter Dauer.

Am Weltanfang der Tetralogie schwebt das Licht nicht »über« dem Wasser, wie in der biblischen Genesis, sondern es liegt »unter« den Wassern des Rheins. Der Anfang kommt aus der Tiefe, dem mythischen »Urgrund«. »Der Wassertiefe weise Schwestern« nennt Brünnhilde die Rheintöchter in ihrem Schlußgesang am Ende der *Götterdämmerung*. Die Motivzitate an dieser Stelle verweisen auf den besonderen Beziehungszauber. Neben der Weia-waga-Melodie der Rheintöchter wird jetzt vor allem die Phrase »gebt uns das Gold, gebt uns das Gold!« sequenzartig wiederholt. Es ist dasselbe Zitat, das die sechs Hörner anstimmen, wenn Siegfried nach der Ermordung Fafners den Ring an sich genommen hat. Die letzte Tagebucheintragung Cosimas, unmittelbar vor dem Tod Richard Wagners, spricht von diesem Klagethema der Rheintöchter in der Wassertiefe am Schluß von *Rheingold*:

»Richard geht an das Klavier, spielt das Klage-Thema ›Rheingold, Rheingold‹ fügt hinzu: ›Traulich und treu ist's nur in der Tiefe. Falsch und feig ist, was oben sich freut.‹ ›Daß ich das damals so bestimmt gewußt habe!‹ – Wie er im Bette liegt, sagt er noch: ›Ich bin ihnen gut diesen untergeordneten Wesen der Tiefe, diesen sehnsüchtigen.‹« »Ende der Aufzeichnungen Cosima Wagners«, lautet der Kommentar des Herausgebers der Tagebücher.[21] Cosima zitiert den Schlußgesang der Rheintöchter nicht ganz korrekt. »Falsch und feig ist, was *dort* oben sich freut!«, klingt es »aus der Tiefe«, wie die Bühnenanweisung lautet.

Von der poetischen und musikalischen Gestaltung her setzt der Anfang des *Rheingold*-Vorspiels kein zeitliches Vorher voraus. Es existiert keine Vergangenheit, sondern nur Zukunft als gerichteter Zeitpfeil, durch den das unaufhaltsam fortschreitende Fließen in die Zeit hinein vorgegeben wird. Die Frage nach dem, was vor dem »Anfang« war, erscheint müßig und absurd. Der Weltanfang ist ein elementares Ereignis. Cosima gegenüber äußert Wagner daher einmal, seine Vorspiele müßten »alle elementarisch sein, nicht dramatisch wie die Leonoren-Ouvertüre, denn dann ist das Drama überflüssig«.[22]

Im Mythos ist die Frage nach dem, was vor der Weltschöpfung gewesen war, häufig mit einem Tabu belegt. Der Kirchenvater Augustin antwortete auf die Frage, was Gott tat, bevor er das Universum und mit ihm die Zeit erschuf: »Er bereitete die Hölle vor, für diejenigen, die solche Fragen stellen.« Augustinus war der festen Überzeugung, es könne keine Zeit vor dem Entstehen des Universums gegeben haben. Mit dieser Aussage knüpft er unmittelbar an Platon an, der im *Timaios* die Ansicht vertritt: »Die Zeit entstand also mit dem Himmel.«[23] Für die Kosmologen entsteht die Zeit ebenfalls mit dem Universum. Ebenso wird die Frage, was vor dem Uranfang war, mit einem Verbot belegt. Dieses Verbot wird mit der Feststellung begründet, daß die Frage physikalisch unsinnig sei. Denn im Augenblick der Weltentstehung herrschen so extreme Zustände der Dichte und Temperatur, daß unsere Begriffe von Raum und Zeit nicht anwendbar sind, weil sie mit der heute bestehenden dünnen Sternenverteilung und Kälte des Alls verknüpft sind. Damit Lebewesen überhaupt entstehen konnten, mußte das Universum – wie bereits gesagt – nach dem Urknall erst groß und alt, dunkel und kalt werden. In der Geschichte des Universums sind wir Spätgeborene. Georges Lemaître, belgischer Priester und Physiker, später Präsident der päpstlichen Akademie der Wissenschaften, einer der ersten Begründer und Theoretiker der Theorie des heißen Urknalls, formuliert das in der Mitte des 20. Jahrhunderts so: »Wir sind zu spät gekommen und können uns den verschwundenen Glanz des Geburtstags der Schöpfung nur noch ausmalen.«[24]

Was Wagner mit dem Orchestervorspiel entwickelt, ist nicht nur ein Anfang der Welt, es ist der Uranfang des Kosmos selbst, den er musikalisch gestaltet. »In den Instrumenten repräsentieren sich die Urorgane der Schöpfung und der Natur«, heißt es in der Novelle *Eine Pilgerfahrt zu Beethoven*, »das was sie ausdrücken, kann nie klar bestimmt und festgesetzt werden, denn sie geben die Urgefühle selbst wieder, wie sie aus dem Chaos der ersten Schöpfung hervorgingen, als es selbst vielleicht noch nicht einmal Menschen gab, die sie in ihr Herz aufnehmen konnten.«[25] Die Novelle entstand 1840 in Paris, lange vor dem *Rheingold*-Vorspiel, aber die Gedanken über die erste Schöpfung lesen sich wie eine kosmogonische Beschreibung des liegenden Kontra-Es-Anfangs der Weltschöpfung.

Drei voneinander unabhängige astrophysikalische Forschungsergebnisse – das 3°-Kelvin-Hintergrundrauschen, die kosmologische Rotverschiebung und die relative Häufigkeit von Wasserstoff und Helium im Weltall – weisen darauf hin, daß das uns bekannte Universum einen definierten heißen Anfang in der Zeit hatte, ausgehend von einem Punkt unendlicher Dichte und Energie, aus einem Nichts heraus. Erstaunlicherweise findet sich schon in Friedrich Wilhelm Schellings *Schriften zur Naturphilosophie* 1799 dieser Gedanke, wenn er schreibt:»Kehren wir indeß unsern Blick auf das Universum als auf Ein selbständiges System, d.h. auf Ein Ganzes von Systemen, die alle von Einem pulsierenden Punkt aus sich gebildet haben.«[26] Die Evolution dieses Vorgangs und die uns bekannten physikalischen Gesetze verbieten die Frage nach einem Vorher. Der Urknall, heute die populärwissenschaftlich etablierte Umschreibung dieses astrophysikalischen Phänomens vom Anfang unseres Universums, kann keine Vergangenheit haben, weil sich der Begriff Zeit erst mit ihm und durch ihn konstituiert.

Schelling war im Tübinger Stift mit Friedrich Hölderlin und Georg Wilhelm Hegel befreundet und wurde 1798 durch Goethe als Professor nach Jena berufen. Seine Naturphilosophie steht in bewußtem Gegensatz zur Transzendentalphilosophie. Schelling sucht die Natur nicht allein philosophisch zu erforschen, sondern beruft sich auf eine »speculative Physik«, eine Umschreibung für Experimentalphysik, etwa in dem Sinne, wie es schon im Jahre 1587 im ersten Faust-Buch heißt, Faust habe sich »fürgenommen, die Elementa zu spekulieren«, d.h. er hatte alchimistische Experimente durchgeführt. Schelling hatte großen Einfluß auf die Philosophie Arthur Schopenhauers, Henri Bergsons und Sören Kierkegaards. Seine Frau Caroline, die geistreichste der geistreichen Frauen der Romantik, machte das Haus Schelling zum Mittelpunkt der gesellingen Geistigkeit des sogenannten »Jenaer Kreises«. Nach dem Tod ihres ersten Mannes, des Clausthaler Bergarztes J. W. Böhmer, war sie 1790 nach Mainz gegangen und hatte dort mit Georg Forster und der revolutionären französischen Besatzungsmacht sympathisiert. Sie war mit Friedrich Schlegel befreundet und hatte 1796 dessen Bruder, den Shakespeare-Übersetzer August Wilhelm, geheiratet, den sie nach sieben Jahren verließ, um Schelling zu heiraten.

Doch wenden wir uns von der Frühromantik wieder der modernen Astrophysik zu. Der Ausdruck »big bang« wurde 1950 von Fred Hoyle, dem bekannten englischen Astronom, eingeführt, um die Theorie des heißen Anfangs des Universums lächerlich zu machen. Hoyle verstand es glänzend, auch in populärwissenschaftlichen Büchern und Radiosendungen, wissenschaftliche Erkenntnisse einer breiten Öffentlichkeit nahezubringen. Seine eigene Theorie vom statischen Universum, vom »steady state«, ging ebenfalls von einer »creatio ex nihilo« aus, was bei aller Gegnerschaft die homogene Durchgängigkeit der Grundgedanken naturwissenschaftlicher Welterklärungen zeigt. Die »Steady state«-Theorie unterschied sich jedoch insofern von der Theorie des »big bang«, als sie davon ausgeht, daß es im Weltraum zu einer ständigen Neuproduktion von Wasserstoffatomen aus dem Nichts kommt. Die Menge an neuentstandenen Wasserstoffatomen sollte die Menge der am »Rande« des Weltalls verlorengegangenen Wasserstoffatome kompensieren. Hoyle behauptete zu Recht, seine Theorie der Neuschöpfung eines Wasserstoffatoms pro Kubikkilometer Weltraum einmal in hundert Jahren sei nicht absurder als die Urknalltheorie. Als ich vor vier Jahrzehnten begann, mich für dieses Thema zu interessieren, war der Streit um die beiden Weltschöpfungsmodelle noch in vollem Gange, denn die alles entscheidende 3°-Kelvin-Hintergrundstrahlung war noch nicht entdeckt. Dies zeigt, daß auch die naturwissenschaftliche Theorie immer offen ist, daß sie sich der Wahrheit nur annähern kann, weil ihr immer ein »Zeitkern« innewohnt, wie Max Horkheimer es einmal ausgedrückt hat. Diese Einsicht in die Offenheit und Vorläufigkeit teilt die naturwissenschaftliche Theorie mit der künstlerischen Weltdeutung.

Daß »big bang« nicht mit »großer Knall« übersetzt wird, sondern mit Urknall, mag sich aus einer mythischen Grundeinstellung vieler Naturwissenschaftler erklären. Die durch die »falsche« Übersetzung zum Ausdruck kommende Rückkehr zum Ursprung beruht auf der Funktion und Rolle des Mythos, der auch in der naturwissenschaftlichen Kosmologie durchscheint. Das menschliche Denken ist geprägt von linearen Grundvorstellungen, die immer vom Uranfang über Evolution zum Ende führen. Das im Uranfang entstehende Universum breitet sich keineswegs von einem Zentrum weg in einen schon vorhandenen Raum aus. Die Ausdehnung ist eine Expansion, eine Explosion des spiralig gekrümmten Raumes selbst und nicht eine in einen vorgegebenen Raum hinein, da Raum und Zeit sich erst mit ihr konstituieren.[27] Schelling sagt 1799 im *Ersten Entwurf eines Systems der Naturphilosophie*: »Das Universum hat vermittelst einer immer fortgehenden Explosion sich selbst hervorgebracht.«[28]

So ist die Schöpfung der musikalischen Welt in *Rheingold* eine Ausdehnung des Kosmos der Töne, der unendlichen Melodie selbst, ohne ein vorgegebenes Raum-Zeit-Gefüge, das die Musik selbst erst erschafft. Was der Begriff Urknall in einer komplizierten Zeitkonstruktion physikalisch beschreibt, ist, ebenso wie Wagners intuitive musikalische Übertragung, der spontane zeitliche Beginn eines letztlich unerklärlichen Schöpfungsaktes.

Die Vorstellung der Erschaffung der Zeit »gleichzeitig« mit dem Universum findet sich schon vor zweieinhalbtausend Jahren bei Platon. Später hat Augustinus diesen Gedanken wieder aufgegriffen. »Da es nämlich, bevor der Himmel entstand, keine Tage und Nächte, keine Monate und Jahre gab, so ließ der Göttervater damals, indem er jenen zusammenfügt, diese entstehen«, heißt es im *Timaios*.[29] Daß aber auch der Raum »gleichzeitig« mit der Zeit entstand, hat erst die moderne Kosmologie mittels der allgemeinen Relativitätstheorie zeigen können.

Irgendwo zwischen Weltschöpfung und Weltende liegt unsere Gegenwart, unsere Jetztzeit. Nicht als starr fixierter Zeitabschnitt, sondern als relativer »Weltpunkt«. Der voraussetzungslose Anfang der *Ring*-Tetralogie als Schöpfungsmythos durchbricht die uns vertraute Kausalitätsbeziehung, wonach einer vorhandenen Wirkung stets auch eine genau zu bezeichnende Ursache zugrunde liegen müsse.

Die Naturwissenschaft ist eine empirische Wissenschaft. Sie handelt also von Erfahrungen und von Erkenntnissen, die überprüft werden können. Daraus folgt, daß alle Naturwissenschaft das Kausalgesetz voraussetzen muß. Wenn die Quantenmechanik dieses Kausalgesetz auflockert, kann sie dann noch »Naturwissenschaft« sein? Machen wir ein Gedankenexperiment mit Blick auf ein einzelnes radioaktives Atom. Wir wissen, daß es irgendwann ein Elektron aussenden wird, um in ein anderes Atom zu zerfallen. Eine bestimmte Menge einer radioaktiven Substanz, die ja aus Milliarden von Milliarden Atomen besteht, habe eine Halbwertzeit von einer Stunde. Nach genau einer Stunde wird exakt die Hälfte der ursprünglich vorhandenen Atome zerfallen sein. Das einzelne Atom kann nach wenigen Sekunden zerfallen oder erst nach einigen Tagen. Wir können beim einzelnen Atom keine Ursache dafür angeben, warum es jetzt oder viel später zerfällt. Darin äußert sich eben ein gewisses »Versagen« des Kausalgesetzes. Die Quantentheoretiker sind davon überzeugt, daß es keine solche Ursache gibt. Experimentell kann nicht entschieden werden, ob auch das Geschehen im kleinen durch den vorausgegangenen Zustand bestimmt ist oder ob es einen Spielraum von Wahlfreiheit gibt. Die Größe der »Materieklumpen«, aus denen der Mensch, ebenso wie jede andere sichtbare Materie, besteht, schützt ihn gewissermaßen vor der Ungewißheit des Zufalls und des plötzlichen Zerfalls. Diese Tatsache und das dem Menschen eigene Kausalbedürfnis sind vermutlich auch die Ursache dafür, daß uns dieses Phänomen lange Zeit nicht aufgefallen ist. Wann immer wir uns jenseits der gewohnten Maßstäbe aufhalten, müssen wir also mit Phänomenen rechnen, für die keine eindeutige Ursache oder Kausalität angegeben werden kann.

Ein System befindet sich in einem bestimmten Zustand. Mißt man nicht, beobachtet man es mithin nicht, so entwickelt sich der Zustand des Systems streng deterministisch. Mißt man aber eine Größe am System (Energie, Impuls, Drehimpuls etc.), beobachtet man es also, so läßt sich nur noch eine Wahrscheinlichkeitsaussage über den einzelnen Meßwert machen, den man aus der Anzahl verschiedener Möglichkeiten erhalten wird. In diesem Sinne wird dann die strenge Kausalität abgeschwächt. Die Abschwächung der Kausalität durch das Ineinanderverwobensein von Beobachter und Gegenstand zeigt sich auch beim Verhältnis des Kunstwerks zu seinem Betrachter. Der Mensch nimmt auf der Skala der Größenordnungen eine Mittelstellung ein: zwischen der Welt der Atome, aus denen er aufgebaut ist, und der Welt des Universums, das ihn umgibt. Die Physik »beweist« daher die uralte Vorstellung des Mythos, daß der Mensch vom Nahen ebenso weit entfernt ist wie vom Fernen.

Das Neue an der Wagnerschen Deutung der Weltentstehung war die Aufhebung der strengen Kausalität, die Absage an eine causa, selbst die göttliche. Bei Aristoteles und Dante ist diese Ursache immer ein »primum movens«, ein erster Beweger. Eine mythologisch-göttliche Ursache spielt im *Ring* erst eine Rolle, nachdem sich die Schöpfung bereits vollzogen hat. Der Topos des ersten Bewegers taucht aber auch bei Wagner noch auf, wenn er in den *Wibelungen* schreibt: »Der Inbegriff dieser ewigen Bewegung, also des Lebens, fand endlich selbst im ›Wuotan‹ (Zeus), als dem obersten Gotte, dem Vater und Durchdringer des Alls, seinen Ausdruck ... so war er doch keineswegs wirklich ein geschichtlich älterer Gott, sondern einem neueren, erhöhteren Bewußtsein der Menschen von sich selbst entsprang erst sein Dasein.«[30] Gott als Produkt des höheren menschlichen Bewußtseins gehört zu den Grundthesen des Philosophen Ludwig Feuerbach, dem Wagner die erste Ausgabe von *Das Kunstwerk der Zukunft* (1849) gewidmet hat. Feuerbach überzeugte ihn von einer atheistisch-materialistischen Weltanschauung. Der Gedanke der »allgemeinen Menschenliebe« der Feuerbachschen Liebesethik – statt einer geoffenbarten, verkündeten Liebe – überzeugte Wagner als Künstler. Nur auf dieser Grundlage konnte, seiner Meinung nach, nach der Beseitigung der bestehenden bürgerlichen Gesellschaft eine gerechte Ordnung entstehen.

Die *Wibelungen* erschienen im Sommer 1848, und es ist nicht ganz klar, ob Wagner diese These unabhängig von Feuerbach entwickelt hat. Daß Wagner Feuerbach die Grundlage seiner Weltanschauung entnahm, ist eine Behauptung, die Carl Friedrich Glasenapp aufs heftigste bestreitet.[31]

Wotan ist daher kein Schöpfergott, sondern ein Gott, der die vorhandene Schöpfung für die Festigung seiner Gesetze zerstört, indem er aus der Weltesche einen Ast für seinen Speer schneidet, der die Gesetze symbolisiert. Die Weltesche verdorrt nach dem »Einschnitt«, so berichtet die erste Norn im Vorspiel der *Götterdämmerung*: »Von der Weltesche / brach da Wotan einen Ast; / eines Speeres Schaft / entschnitt der Starke dem Stamm. / In langer Zeiten Lauf / zehrte die Wunde den Wald; / falb fielen die Blätter, / dürr darbte der Baum.« Der Gott verwaltet die Schöpfung und richtet sie schließlich zugrunde, da nach Wagners Auffassung das einmal Entstandene auch enden muß.

Im Gegensatz dazu bewahrt Zeus die Naturmomente und damit das vorgegebene Verhältnis zu den Naturmächten in sich auf. Er hat, im Gegensatz zu Wotan, noch seine Blitze und Wolken. Er ist auch als politischer Gott der Beschützer des Sittlichen und der Gastfreundschaft, eine Funktion, die Wotan nicht hat.

Der »oberste Gott, Vater und Durchdringer des Alls« heißt also 1848 bei Wagner zunächst »Wuotan«, in einem Brief an Röckel vom Januar 1854 nennt er ihn »Wodan«[32], um schließlich bei »Wotan« zu bleiben. Die Lautverschiebung muß etwas mit seinem Gefühl für die Singbarkeit zu tun haben. Ähnliches finden wir noch bei »Parsifal«, der zunächst, von Juni 1869 bis März 1877, 28mal im Tagebuch Cosimas erwähnt und stets »Parzival« genannt wird, bis zur Tagebucheintragung vom 14. März 1877: »Richard dichtet am Bühnen*weih*spiel; bei Tisch sagt er mir, ›sie wird Gundrigia, Strickerin des Krieges heißen‹, dann aber meint er, wird er bei ›Kundry‹ bleiben. Und Parsifal wird er heißen.«[33]

Die Aufhebung von strenger Kausalität im *Ring* ist eine visionäre Vorwegnahme der quantenphysikalischen Welterklärung. Das bedeutet nicht den Verzicht auf Gesetzmäßigkeit, es soll nur angedeutet werden, daß für den weiteren Verlauf des Geschehens in der *Ring*-Handlung der strenge Formalismus von Ursache und Wirkung aufgegeben wird, für den astro-physikalischen wie für den musikdramatischen Kosmos. Jetzt gewinnen Elemente wie Tarnhelm, Verwandlung und augen-blickliche Überwindung großer Distanzen, Vergessen und Erinnern, jahrzehntelanger Schlaf eine rationale Dimension, sind nicht mehr allein ein Hinweis auf das Irrationale im My-thos, sondern der sichtbare Ausdruck der Aufhebung von vor-dergründiger Kausalität, auch dadurch, daß sich der Beobach-ter nicht mehr streng vom beobachteten System abtrennen läßt, so daß eintritt, was in der Quantenmechanik als Wahrschein-lichkeitsdeutung über eine Beobachtung beschrieben wird.

## Harmoniebrechung als Weltschöpfung

Daß sich im *Ring des Nibelungen* auch ein modernes Zeitpro-blem verbirgt, mußte so lange unbemerkt bleiben, wie ange-nommen wurde, Wagner habe eine historische Zeitebene für den Handlungsablauf festgelegt, als begebe sich das Geschehen in mythische Vorwelt. Es erweist sich aber, daß diese Annahme vom eigentlichen Sinngehalt am weitesten entfernt war. Dabei hätte man sich nur an Wagner selbst halten müssen, der 1874 in einem Brief an den Maler und Kostümbildner Carl Emil Doepler schrieb, daß »die Darstellung der Figuren des mittel-alterlichen Nibelungenliedes hier gänzlich außer acht gelassen werden muß«.

Schon in der Zeit zwischen den beiden Weltkriegen wurde das germanische Märchen- und Mythentheater aufgegeben: bei Adolphe Appia mit konstruktivistischen Bühnenbildern

und Verzicht auf naturalistische Stilmittel oder bei Emil Pree-
torius mit dem »Schicksalsfelsen«. Mit Wieland Wagner nach
dem Zweiten Weltkrieg und dann endgültig mit Patrice Chéreau, Harry Kupfer und schließlich Peter Konwitschny wurde
deutlich, daß es gerade die Zeitlosigkeit des Mythos ist, welche
immer neue Deutungen erlaubt. Der Literaturwissenschaftler
Hans Mayer schrieb über Chéreaus »Jahrhundert-*Ring*«:
»Keine *Ring*-Darstellung als Germanentheater. Mit den Bärten
und blonden Perücken fielen die mittelalterlichen Ritterrequi-
siten, die man jahrzehntelang unsinnigerweise in dieser my-
thisch-geschichtslosen Welt für unentbehrlich hielt. Dadurch
wird die Tragödie Siegmunds und Sieglindes entrümpelt.«[1] An
dieser Stelle sei auf eine Ansicht des Bühnenbildners und Re-
gisseurs Jean-Pierre Ponelle verwiesen, die er dem Musikkritiker Joachim Kaiser gegenüber äußerte: »Die weitverbreitete
Tendenz, den *Ring* zu modernisieren und in die Atomzeit-
Moderne zu übersetzen, ist unergiebig und falsch. Die Tetralogie ist ein im wesentlichen archaisierendes Kunstwerk.«[2]

In seinem theoretischen Hauptwerk *Oper und Drama* schreibt
Wagner, »das Unvergleichliche des Mythos« sei, daß er »jeder-
zeit wahr, und sein Inhalt, bei dichtester Gedrängtheit, für alle
Zeiten unerschöpflich ist«.[3] Der *Ring* spielt in jeder beliebigen
Zeit, d.h. in allen Zeiten. Auch in dieser dem Mythos durchaus
ähnlichen Gleichsetzung von Zeit als profaner historischer
Zeit und Zeitlosigkeit als sakraler Zeit weist der *Ring* Übereinstimmungen und Ähnlichkeiten mit dem Zeitproblem in
der Kosmologie und in der allgemeinen Relativitätstheorie
auf. Die Relativitätstheorie definiert den aktuellen Augenblick
als den Ereignispunkt zwischen Vergangenheit und Zukunft,
der auf einer Weltlinie liegt, die Raum und Zeit als Raum-
Zeit-Kontinuum verbindet. Raum und Zeit können daher nie
isoliert betrachtet werden, weil es, wie Albert Einstein gezeigt

hat, einen absoluten Raum ebensowenig geben kann wie eine absolute Zeit. Noch Newton und Kant waren von der Existenz eines absoluten Raumes und einer absoluten Zeit fest überzeugt. Beweisen konnten sie es beide nicht, aber für das mythische Verständnis ihrer naturwissenschaftlichen Weltdeutung konnte es nur eine absolute Zeit und einen absoluten Raum geben.

In der musikalischen Verwobenheit von Vergangenem mit Zukünftigem im *Ring* klingt diese Erkenntnis wieder an: »Die Composition ist zu einer fest verschlungenen Einheit geworden: das Orchester bringt fast keinen Tact, der nicht aus vorangehenden Motiven entwickelt ist«[4], schreibt Wagner hierzu. Die musikalische Verwobenheit, unter gleichzeitiger Einbeziehung von Raum und Zeit, wird Wagner in *Parsifal* fortführen, wenn Parsifal erstaunt feststellt: »Ich schreite kaum, / doch wähn' ich mich schon weit«, und Gurnemanz ihm erklärt: »Du siehst mein Sohn, / zum Raum wird hier die Zeit.« Wagner verwandelt an dieser Stelle Zeit in Raum, indem er das Raum-Zeit-Problem unvermittelt mit der gleichförmigen Bewegung, dem Schreiten, verbindet. Das Kontinuum ist die »Composition«, die Musik. Einstein wird später (1905) in seinem Raum-Zeit-Kontinuum auf die Verwandlung von Zeit in Raum stoßen, wenn er über das Problem gleichförmiger Bewegung in seiner Arbeit *Zur Elektrodynamik bewegter Körper* nachdenkt. Und wenn John Wheeler, der die Relativitätstheorie Einsteins weiterentwickelt hat, 1970 in seinem Buch *Gravitation* einen Astronauten in ein Schwarzes Loch stürzen läßt, kommt der uns vor wie ein moderner Parsifal in einer neuen Raum-Zeit-Welt, denn »von nun an stellt nämlich seine Bewegung im Raum den Ablauf der Zeit dar«.

Die Musik erscheint als der Klang gewordene Ausdruck der Raumzeit, als fast ausdehnungsloser Raum-Zeit-Punkt zwischen Vergangenheit und Zukunft innerhalb des Klangkontinuums. Das eben Gehörte ist ja schon das Vergangene im Augenblick seines Erklingens. Es bleibt die kontinuierliche Bewegung, das Fortschreiten in der Zeit, als Fluß der »unendlichen Melodie«. Der musikalische Fluß der Zeit wird auf diese Weise zu einer beziehungsreichen Metapher: der Anfang von Raum, Zeit und Welt als Fließen des Rheinstromes. Aber zunächst scheint der Anfang des Kosmos für eine »Ewigkeit« auf dem »Orgelpunkt« der geteilten Kontrabässe und der sich hinzugesellenden Fagotte zu ruhen. Die Raum und Zeit hervorbringende Bewegung setzt erst ein paar Takte später mit der aufsteigenden Figur des ersten Horns ein; sie wird dann kanonartig von sieben weiteren Hörnern ergänzt, um schließlich in der wellenförmigen Phrase der Celli und Bratschen wogend dahinzufließen. Der dahinströmende Fluß musikalischer Harmonie wird in seiner Bewegung gebrochen, und diese Harmoniebrechung verdichtet sich zu einem Konglomerat konkreter Dinge und Gestalten: Götter, Riesen, Menschen, Fluß und Felsengebirge.

In Analogie hierzu gehen aus der sich ausdehnenden Energie des astrophysikalischen Urknalls durch einfache Symmetriebrechung die Konglomerate des Universums hervor: Elementarteilchen, die zu Wasserstoff und Helium werden, um den »Urstoff« abzugeben für Planeten, Sterne und Milchstraßen und endlich auch für den Menschen. Sir Arthur Eddington, der auf die Bemerkung eines Reporters, er gehöre zu den drei Physikern, die Einsteins Relativitätstheorie vollständig verstünden, geantwortet haben soll, er müsse darüber nachdenken, wer der dritte sein könnte, hat diesen langen Entwicklungsprozeß bis zum Menschen in dem Aufsatz *Die Naturwissenschaft auf neuen Bahnen* sarkastisch so umschrieben: »Infolge einer winzigen Störung in der Maschine –

völlig belanglos für die Entwicklung des Weltalls – wurden ganz zufällig einige Stückchen Materie von falscher Größe gebildet. Ihnen mangelte der reinigende Schutz einer hohen Temperatur oder die gleich wirksame ungeheure Kälte des Raumes. Der Mensch ist eines der grauenvollen Ergebnisse dieses Versagens der antiseptischen Vorsichtsmaßnahmen.«[5]

Das gängige Urknall-Weltschöpfungsmodell beruht auf der Annahme, daß am Anfang des Universums eine Symmetrie besteht, in der starke, schwache und elektromagnetische Kraft noch nicht unterschieden werden müssen. Im frühen Kosmos wird die Symmetrie dann spontan gebrochen. In der thermischen Geschichte des Kosmos entspricht beispielsweise der Symmetriebruch der vereinten elektroschwachen Kraft einer Zeit von etwa 10 Sekunden nach dem Urknall. Mit anderen Worten, vor etwa 15 Milliarden Jahren minus 10 Sekunden. Dieser spontane Symmetriebruch läßt die materielle Welt entstehen. Symmetriebrechung in der Astrophysik und Harmoniebrechung in der Musik sind mit der Entstehung einer neuen Ordnung aufs engste verknüpft. Die dissonant gebrochenen Akkorde Alberichs zu Beginn des *Rheingold* erweisen sich als Störung der Urharmonie des Es-Dur-Dreiklangs. Aber zunächst entsteht »Ordnung« – die Ordnung der Welt als Folge des Symmetriebruchs, und mit ihr ein labiles Gefüge, das unaufhaltsam nach Unordnung, nach Auflösung strebt. So erzeugt jedes geordnete Gebilde, sofern es nach der Brechung der Urharmonie und Symmetrie entstanden ist, seine eigene Zerstörung. Leibniz sprach von einer seit Beginn festgelegten Urharmonie, von einer »prästabilierten Harmonie«.

Erinnern wir uns an Wagners Bemerkung im Kapitel »Endzeit und Uranfang im Schöpfungsmythos«: »Kein Ende hat nur das, was keinen Anfang hat.« Alles, was beginnt, muß notwendig enden. Das gilt für den Kosmos und für den einzelnen Men-

schen ebenso wie für die aus vielen einzelnen Individuen zu-
sammengesetzten Staatswesen. Die Thermodynamik, als Wärmelehre Teilgebiet der Physik, kann zeigen, warum das so sein
muß. Für den Menschen ahnen wir es. Je höher die Ordnung ist,
desto sicherer und schneller laufen diese Prozesse ab. Das ist
der einzige Grund, weshalb ein Bergkristall seinen Ordnungszustand beträchtlich länger aufrechterhalten kann als der
Organismus eines mit Vernunft begabten Wesens. Die Bestimmung jedes höheren Ordnungsgefüges zu Unordnung, Auflösung und Untergang ist ein Grundprinzip der Natur und im
zweiten Hauptsatz der Thermodynamik mit dem Begriff Entropie verbunden. Entropie beschreibt den Ordnungszustand
eines Systems, das ihr zugrundeliegende Gesetz ist der sogenannte zweite Hauptsatz. Er besagt, daß die Unordnung bei
allen realen Prozessen wachsen muß. Statistisch-mechanisch
wird die Entropie ein Maß für die Wahrscheinlichkeit eines
Zustandes: Ordnung ist immer sehr viel weniger wahrscheinlich als Unordnung, da es viel mehr mögliche Zustände für
Unordnung als für Ordnung gibt. Es gibt eben nichts Stabile-
res und Bequemeres als das Chaos, aber lebendige Systeme
zeichnen sich gerade durch ihre spezifische Ordnung aus.[6]

Wotan scheitert letztlich an der selbst gesetzten Ordnung,
an den selbst aufgestellten Gesetzen. Siegfrieds Aufgabe, die
ewige Ordnung schicksalhaft zu zerschlagen, führt seinen eigenen Untergang herbei. Der Brand von Walhall symbolisiert
die Auflösung einer »starkgebauten« Ordnung, wie Loge sie
im *Rheingold* beschreibt. Loge: »Die selige Burg, / sie steht
nun stark gebaut.« Es ist, thermodynamisch ausgedrückt, der
»Wärmetod«, der schließlich das letzte Ordnungsgefüge im
Universum liquidieren wird. So ist der unausweichliche Tod
des Individuums schicksalhaft vorgegeben als Folge der uner-
hört komplizierten Ordnung seines Körpers. Ein Lebewesen

ist ein höchst geordnetes System mit niederer Entropie; im Tod löst es sich auf, und die Entropie wächst. Dieser ehernen Ordnung können auch die Götter nicht entgehen, auch sie unterliegen der Zeit, dem Wechsel und dem Schicksal, wie Sterbliche und wie die Welt als Ganze. In der griechischen Mythologie ist der Titan Kronos, der jüngste Sohn des Uranos und der Gaia, auch der Gott der Zeit (Chronos), der die Herrschaft der abstrakten Zeit symbolisiert, der seine eigenen Kinder verschlingt. Das Geheimnis von Leben und Tod scheint wesentlich verknüpft mit dem Phänomen von Zeit, Ordnung und Unordnung, von prästabilierter Harmonie und Harmoniebrechung, und auch insofern dem tieferen Wesen der Musik verwandt.

Wie mit dem Erklingen des liegenden Kontra-Es-Orgelpunktes über 16 Takte aus dem vergangenheitslosen Nichts sich Zeit erstmals konstituiert, so entwickelt sich auch im weiteren Verlauf eine besondere Zeitstruktur. Aber auch diese Takte eines vermeintlichen »Stillstands« sind rhythmisiert. In den ersten acht Takten setzt nur zweimal, im ersten und im fünften Takt, ein Ton ein, während in den Takten 9–16 die Erneuerung eines der Töne (abwechselnd Es und B) in jeden zweiten Takt fällt. Schon hier beginnt sich eine Bewegung einzustellen, die dann fortdauert bzw. nicht endet. Strenggenommen handelt es sich hier auch nicht um einen Orgelpunkt, sondern um einen langgehaltenen Akkord, da die Harmonien über dem Es nicht wechseln. In den ersten Bayreuther Aufführungen wurde der Ton der nach Es gestimmten Kontrabässe während der ganzen Einleitung durch eine Orgel verstärkt. Der musikalisch erklingende Augenblick als Handlungsmoment im musikdramatischen Geschehen ist als Gegenwärtiges immer auch eingebettet und verwoben in eine Gleichzeitigkeit von Vergangenem und Zukünftigem, von Anfang und Ende. Gleichzeitigkeit als musikalische Gegenwart von Vergangenem und Zukünftigem.

Gleichzeitigkeit als musikalische Gegenwärtigkeit von Gewesenem und Kommendem. Alfred Lorenz hat in seiner schon erwähnten akribischen Analyse *Der musikalische Aufbau des Bühnenfestspieles ›Der Ring des Nibelungen‹* diese Gleichzeitigkeit so umschrieben: »So kann ich doch von dem inspirierten Moment berichten, in welchem ich alles, was in Wirklichkeit aufeinanderfolgt, in einem Augenblick höchster Intensität innerlich *gleichzeitig* höre. Das ist ein unbegreifliches metaphysisches Phänomen. Wie es vor sich geht, kann ich nicht sagen: Man hört nicht etwa bloß Anfang und Ende nahe aneinandergerückt, sondern buchstäblich alle Töne des ganzen Werkes *gleichzeitig* in einem untrennbar kurzen Augenblick.«[7] Es handelt sich keineswegs um ein »unbegreifliches metaphysisches Phänomen«, denn in der realen Welt können sich solche Dinge in unmittelbarer Nähe eines Schwarzen Loches ereignen. Am Rande eines Schwarzen Loches steht die Zeit nämlich still; ein dort verharrender Beobachter würde die gesamte Zukunft des äußeren Universums in einer subjektiv als sehr kurz empfundenen Zeit erleben.

Die einzig verläßliche Zeitstruktur nach der Weltschöpfung scheint die fortschreitende Bewegung, das Fließen: der musikalische Zeitpfeil, wie er im *Rheingold*-Vorspiel exemplarisch dargestellt ist. »Zwischen Ahnung und Erinnerung steht die Versmelodie als getragene und tragende Individualität«, heißt es in *Oper und Drama*. Sie verbindet fließend Vergangenheit und Zukunft: als *linearer* Verlauf der Zeit im Weltgeschehen, als *dramatischer* Verlauf des Handlungsgeschehens und als *subjektiver* Zeitverlauf im persönlichen Empfinden des Zuschauers. »Ein stetes Fest des Gedankens und Gedenkens«, der ständigen Rückerinnerung und Vorverweisung, wie es Thomas Mann einmal genannt hat. »Das Orchester bringt fast keinen Tact, der nicht aus vorangegangenen Motiven entwickelt ist.

Doch hierüber läßt sich nicht verkehren«[8], bemerkt Wagner nach der Fertigstellung der *Rheingold*-Partitur. Zuvor hatte er in *Oper und Drama* formuliert, daß wir uns der »Ahnung erinnern« und die »Erinnerung zur Ahnung« machen. Wagners Musik muß man immer wieder hören, selbst der Komponist kann dieses Phänomen nicht in Worten ausdrücken. Im Abschnitt über die Musik in Hegels »Vorlesung über die Ästhetik« heißt es, daß »die Musik dagegen die aus der räumlichen Materie sich freiringende Tonseele in den qualitativen Unterschieden des Klangs und in der fortströmenden zeitlichen Bewegung«[9] ergreift.

Es finden sich Vorverweise im *Ring*, deren Sinn sich erst nach dem Ablauf erschließt. Diese häufigen Vorverweise setzen eigentlich schon die vollständige Bekanntschaft des Zuhörers mit der gesamten Tetralogie voraus. Beim ersten Erklingen des Schwert-Motivs am Ende von *Rheingold* beispielsweise assoziieren wir den in der Bühnenanweisung gegebenen »großen Gedanken«, von dem Wotan ergriffen ist, »vor ihrem Graun, biete sie Bergung nun«, mit dem Schwert – aber doch nur dann, wenn wir zuvor gewußt haben, daß in *Walküre* und *Siegfried* diese musikalische Phrase im unmittelbaren Zusammenhang mit dem tatsächlich auf der Bühne eingeführten Schwert steht. So erklingt das Schwert-Motiv im ersten Aufzug *Walküre*, während das Schwert noch tief im Stamm der alten Esche steckt: mal von der Klarinette, dann von Oboe und Englischhorn und von den Flöten zitiert, um schließlich von der Trompete in C geschmettert zu werden. Ohne das Vorwegwissen blieben die zwei Takte in *Rheingold* großartige Musik, aber gewiß ohne Assoziation eines Schwerts. Wir hören musikalische Motive und merken erst später, daß sie sich entfalten und neue Bedeutung bekommen. Wagner setzt eigentlich die Kenntnis seines musikalischen Kosmos beim Hörer schon voraus.

Damit setzt er aber hier, wie an vielen ähnlichen Stellen, den mit Inhalt und Motiven vertrauten, kundigen Wagnerianer als Zuhörer voraus, den es damals gar nicht geben konnte. Dieses Verfahren der ständigen Wiederholung des Bekannten, die Mechanistik der Leitmotive, des musikalischen »Aha-Erlebnisses, vergleicht Theodor W. Adorno kritisch mit der »Kinomusik, wo das Leitmotiv einzig noch Helden oder Situationen anmeldet, damit sich der Zuschauer rascher zurechtfindet«.[10]

Für die Leitmotive sind viele Namen erfunden worden. Mit Namen und anderen semantischen Begriffen lassen sich aber musikalische Verwandlungen und Prozesse nur schwer erfassen. Trotzdem muß gelegentlich auf die gebräuchlichen Motivnamen verwiesen werden. Wagner selbst bemerkt dazu: »Ich habe nur des einen meiner jüngeren Freunde zu gedenken, der das Charakteristische der von ihm sogenannten ›Leitmotive‹ mehr der dramatischen Bedeutsamkeit und Wirksamkeit nach, als ihre Verwertung für den musikalischen Satzbau in das Auge fassend, ausführlicher in Betrachtung nahm.«[11] In der frühen theoretischen Auseinandersetzung mit diesem Thema, in *Oper und Drama*, kommt der »akademische« Begriff »Leitmotiv« überhaupt nicht vor. Wagner spricht vielmehr von »ahnungs- oder erinnerungsvollen melodischen Momenten; von Gefühlswegweisern durch den ganzen vielgewundenen Bau des Drama's«. Mit dem jüngeren Freunde in der sehr viel späteren Betrachtung ist Hans von Wolzogen gemeint. Er war der Sohn des Schweriner Hoftheater-Intendanten Alfred von Wolzogen und Herausgeber der von Wagner gegründeten *Bayreuther Blätter*.

Wagners Leitmotivtechnik orientiert sich am Vorbild Beethovenscher Durchführungstechnik. Das Orchester illustriert innere Vorgänge kontrastierend zur äußeren Handlung. Eine Folge dieser Motivtechnik liegt darin, daß die musikalische

Phrase auch dann Wirkung hat, wenn sie nicht ausdrücklich assoziiert werden kann. Diese Wirkung teilt die Motivtechnik in der Oper mit der absoluten Musik: beispielsweise das mit einer Triole beginnende Sorge-Motiv des zweiten Aufzugs der *Walküre*. Erstmals eingeführt und Wotan zugeordnet, wird es im weiteren Verlauf ständig wiederholt. Nur der Anfangs-Urakkord im *Rheingold*-Vorspiel ist von den ständigen Wiederholungen, den Rück- und Vorverweisen ausgenommen. Das musikalische Klangbild des Weltanfangs verweist auf nichts, und nichts verweist auf diese Klangchiffre. Der liegende Kontra-Es-Orgelton der ersten Takte taucht auch dann nicht wieder auf, wenn im Vorspiel zum dritten Aufzug *Götterdämmerung* der Rhein mit den drei Rheintöchtern musikalisch und szenisch noch einmal in Erscheinung tritt. Der zwanzigste Takt des Vorspiels zum dritten Aufzug *Götterdämmerung* beginnt mit dem ersten der acht Hörner, die in immer kürzeren Zwischenräumen bis zum harmonischen Gedränge wiederholt der Reihe nach angestimmt werden: kanonartig im Pianissimo, wenig crescendierend. Damit ist der *Rheingold*-Uranfang auch musikalisch eine »Singularität«: Das Universum und die Zeit haben beim »Urknall« zu existieren begonnen, ein Vorgang, der in der Physik zeitlich und kausal voraussetzungslos sein kann. Der Glaube aber braucht eine Voraussetzung für die Entstehung der Welt, einen Geist Gottes, der über den Wassern schwebt. Es kommt beim Erwachen der Welt zu einer enharmonischen Verwechslung zwischen »Urknall« und »Schöpfung«.

Die Aufhebung einer zeitlichen Fixierung und die Transposition auf differente Zeitabläufe kann die musikalische Textur der in sich selbst zurückkehrenden, unendlichen Melodie am besten bewerkstelligen. Verwobenheit und Bewegung bilden den einzigen verläßlichen Bezugspunkt. »Das absolut-musikalische Prinzip des Fugatos« hat es Adorno einmal genannt,

Bewegung und Ruhelosigkeit werden zum Maß für die Strukturen der musikalischen und physikalischen Welt. Ohne kontinuierliche Bewegung ist Musik nicht denkbar und ausführbar. Die unendliche Melodie mit ihrem ununterbrochenen Fluß des musikalischen Geschehens konnte nur durch eine neu konzipierte Musikform erreicht werden. Die Melodie sollte stets weitergehen, sollte unendlich werden, das war Wagners Ideal.

Die moderne Physik hat gezeigt, daß absolute Ruhe eine Fiktion ist. Träger der Bewegung ist ein masseloses Teilchen, das Albert Einstein zuerst als Photon, als Lichtteilchen, bezeichnete. Es läßt sich mit dem Träger der musikalischen Bewegung, dem Ton, vergleichen. Mit einem besonderen Unterschied: Das Photon stellt das Teilchen der elektromagnetischen Schwingung dar, mit der Ruhemasse Null. Der Ton ist dann das Teilchen der elastischen Schwingung der Luft. Beschreibt man aber eine elastische Schwingung in einem Festkörper, so resultiert daraus ein Phonon (Schwingungsteilchen), mit dem gewisse thermische Eigenschaften des Festkörpers gut beschrieben werden. Da die Geschwindigkeit der Phononen der Schallgeschwindigkeit entspricht, die wesentlich kleiner ist als die Lichtgeschwindigkeit, müßte man ihnen eine von Null verschiedene Ruhemasse zuordnen.

»Ging dem Menschen nun alles Erfreuende und Belebende vom Lichte aus, so konnte es ihm auch als der Grund des Daseins selbst gelten: es ward das Erzeugende, der Vater, der Gott; das Hervorbrechen des Tages aus der Nacht erschien ihm endlich als der Sieg des Lichts über die Finsternis.«[12] Diese Eloge auf das Licht steht in *Die Wibelungen* (1850). Für die Relativitätstheorie ist die Lichtgeschwindigkeit, die Einstein als schnellste aller überhaupt möglichen Bewegungen erkannte, eine fundamentale Naturkonstante. Eine revolutionäre Annahme, für die es bei Abfassung der speziellen Relativitätstheorie nur wenige experimentelle Hinweise gab. In den *Wibelungen* und in der Tetralogie kommt dem Licht eine besondere Bedeutung zu: als Naturphänomen ebenso wie in der Übertragung auf Siegfried, den Lichthelden und letzten Sproß der Lichtalben, der Götter.

Die für ein so überdimensioniertes Drama relativ spärlichen Bühnenanweisungen variieren das Thema Licht in allen seinen Erscheinungen: Dämmerung oben lichter unten dunkler; der hereinbrechende Tag beleuchtet; starke Blitze zucken; ein feuriger Blitz; Blitzstrahl; er verschwindet mit Blitz und Donner; heller Glanz; von der Sonne beleuchtet; der Vollmond wirft sein helles Licht; Mondschein spiegelt sich im Rhein; Mondschein erhellt die Bühne; Flammenmeer; Feuermeer; Feuerstrahl; Feuerschein; Feuerflammen; Feuerwolken; blauer Himmelsäther; und am Schluß der Götterdämmerung: helle Flammen scheinen in dem Saal der Götter aufzuschlagen.

»Das aktive, mitgestaltende Licht kann uns den ewigen Wechsel der Welt der Erscheinungen lebendig übermitteln«[13], formuliert es Oswald Georg Bauer, der sich gerade mit der Wagner-Bühne eingehend beschäftigt hat. Die Fülle an ausmalender Licht-Metaphorik erinnert an Goethes »Taten und Leiden« des Lichts in seinen *Schriften zur Farbenlehre*. Man fragt sich, mit welchen Beleuchtungsmöglichkeiten Wagner seine szenischen Anweisungen zu realisieren gedachte, da die elektrische Glühbirne erst 1879, also nach den ersten Bayreuther Festspielen von 1876, von Thomas A. Edison entwickelt wurde. Hier erweist sich Wagners Theater als Imaginations- und weniger als Illusionstheater. Die Lichtfarben auf der Bühne sollten offenbar suggestiv durch das Chroma der Orchesterillustration unterstützt werden.

In der griechischen Mythologie ist Helios die Sonne als Naturelement. Apollon, der Gott der Kunst, ist aus dem Helios hervorgegangen. Der Name Λυχειος deutet auf den Zusammenhang mit dem Licht. Apoll ist der Weissagende und Wissende, das alles hell machende Licht, der Sänger und Führer der Musen.

Die außerordentliche Bedeutung, die Wagner dem Licht beimißt, spiegelt sich deutlich im dritten Aufzug *Siegfried* wider, wenn die nach »Jahren« erwachende Brünnhilde zunächst das Licht und dann erst den Lichthelden Siegfried begrüßt: »Heil dir, Sonne! / Heil dir Licht! Heil dir, Siegfried!« Im weiteren Verlauf finden sich immer wieder die Assoziationen des Lichts mit Siegfried. Brünnhilde: »Siegfried, siegendes Licht«. Oder am Ende der *Götterdämmerung* im dritten Aufzug Brünnhilde: »Wie die Sonne lauter, / Strahlt mir sein Licht.« Der Verweis auf Apollon ist unübersehbar. In *Tristan und Isolde* hingegen erhalten das Licht, die Sonne oder, wie es dort auch heißt, der »sengende Schein des Tages« plötzlich eine ganz andere Bedeutung. Lichtschein und Tagesglanz werden jetzt zu Widersachern der Liebe, zu Zerstörern der Nacht, in deren Dunkel allein die Liebe zwischen Tristan und Isolde Schutz findet.

Für die Relativitätstheorie sind das Licht und die aus seinen physikalischen Phänomenen abgeleiteten Gesetzmäßigkeiten das Fundament für viele physikalische Erscheinungen. Die Lichtgeschwindigkeit ist in allen grundlegenden Gleichungen der Physik zu finden, besonders aber in der Gleichung $E=mc^2$, mit der beispielsweise auch atomare Energieprozesse berechnet werden. Es existiert also eine besonders innige Beziehung zwischen dem Licht und allen Naturgesetzen. Hieraus ergibt sich eine Parallele, wenn man bedenkt, daß der Speer im symbolischen Bezugssystem des *Ringes* die Gesetze verkörpert. Im Vorspiel zum ersten Aufzug *Götterdämmerung* antwortet die zweite Norn, von der ersten nach dem Schicksal des Halbgottes Loge (»denn halb so ächt nur / bin ich wie, Herrliche, ihr!«)

gefragt, der im *Ring* das Feuer symbolisiert: »Durch des Speeres Zauber / Zähmte ihn Wotan.«

Aus den »Lichtbeziehungen« ergibt sich für unsere Betrachtung eine weitere Parallele. Wir greifen dazu eines von Einsteins Gedankenexperimenten zu diesem Thema auf, die immer einen als ruhend gedachten Beobachter mit einem sich gleichförmig in einem Raumschiff bewegenden vergleichen. Interpretieren wir Bühne und Protagonisten als Raumschiff mit Astronauten an Bord – seit Rolf Liebermanns Genfer *Parsifal*- und Ruth Berghaus' Hamburger *Tristan*-Inszenierung von 1987 durchaus keine ungewöhnliche Vorstellung mehr –, Zuschauerraum und Zuschauer dagegen als den klassischen, ruhenden Beobachter, so ergibt sich folgende Situation: Drei Raumschiffe bewegen sich mit gleichförmiger Geschwindigkeit in derselben Richtung, wobei die Abstände des mittleren Raumschiffs von den beiden anderen gleich sein sollen. Vom mittleren Raumschiff wird gleichzeitig ein Lichtsignal nach vorn und eines nach hinten abgesandt. Ein mitbewegter Beobachter im mittleren Raumschiff (Protagonist auf der Bühne) sieht, daß die Lichtsignale beim vorderen und hinteren Raumschiff gleichzeitig eintreffen. Andererseits bemerkt ein ruhender Beobachter (Zuschauer im Zuschauerraum), daß zu dem Zeitpunkt, an dem das Signal beim hinteren Raumschiff eintrifft – das dem mittleren Raumschiff ja entgegenfliegt –, das andere, gleichzeitig abgeschickte Signal das vordere Raumschiff noch nicht erreicht hat. Für den Zuschauer treffen also die Lichtsignale keineswegs gleichzeitig ein. Für Albert Einstein ergab sich, nach dem berühmten Experiment von Michelson und Morley (1880/81), das die Konstanz der Lichtgeschwindigkeit in unterschiedlich bewegten Systemen bewies, eine geradezu revolutionäre Konsequenz: Wenn das Licht – bei konstanter Geschwindigkeit – für verschiedene Beobachter unterschiedliche Strecken zurücklegt,

105

dann müssen die beiden Beobachter unterschiedliche Zeiten messen. Die Zeit ist eine von der Bewegung abhängige Größe.

Setzt man nun mit Licht den konstanten Fluß musikalischer Bewegung gleich, so ergibt sich aus dieser Analogie, daß für einen innerlich unterschiedlich »bewegten« Zuschauer dasselbe Geschehen zeitlich durchaus unterschiedlich ablaufen kann. Wir ahnen, daß das Zeitproblem von Vergangenem und Zukünftigem in der »Gleichzeitigkeit« auch von der Bewegung und der jeweiligen Ortsbestimmung im Raum abhängt, so daß Siegfried den Brünnhildenstein verlassen und fast »gleichzeitig« bei Hagen am Giebichshof erscheinen kann. Einstein hätte damit jedenfalls keine Schwierigkeiten gehabt. *Götterdämmerung* zweiter Aufzug, Hagen: »Heil! Siegfried! / Geschwinder Helde! / Wo brausest du her?« Und Siegfrieds Antwort: »Vom Brünnhildenstein; / Dort sog ich den Atem ein, / Mit dem ich jetzt dich rief: / So schnell war meine Fahrt!« Tatsächlich in einem Atemzug.

»Licht und andere Einflüsse, die sich mit Lichtgeschwindigkeit fortpflanzen, spannen Nullintervallverbindungen zwischen nahen und fernen Ereignissen auf und verknüpfen sie zu einem reich strukturierten Ganzen – der Raumzeit, Beherrscherin der Bewegung und Heimstatt für alles, das war, ist und sein wird.«[14] Dies ist die aus der Relativitätstheorie hervorgegangene Begründung für die Bemerkung Dieter Borchmeyers über die »Simultaneität, die die Sukzession der Ereignisse überwölbt«. Hagens Hinweis auf den Tarnhelm aus dem ersten Aufzug *Götterdämmerung*: »Er taugt, bedeckt er dein Haupt, / Dir zu tauschen jede Gestalt; / Verlangt dich's an fernsten Ort, / er entführt flugs dich dahin«, steht in eben diesem Zusammenhang. Aber auch das letzte Bild *Rheingold* verweist darauf, wenn die Ur-Wala Erda sagt: »Wie alles war, weiß ich; / Wie alles wird, / Wie alles sein wird, / Seh ich auch: / Der ew'gen

Welt / Ur-Wala Erda / Mahnt deinen Sinn.« Erstaunlich, daß ich den oben zitierten Satz über Erda, die »Beherrscherin für alles, das war, ist und sein wird«, nicht in einem Programmheft zu *Rheingold* fand, sondern in einem 1991 erschienenen Buch von John Wheeler mit dem Titel *Gravitation und Raumzeit*, der auch den Begriff »black hole«, »Schwarzes Loch«, prägte.

Im griechischen Mythos ist es Mnemosyne (Erinnerung), die Mutter der Musen, die alles weiß. Sie kennt das Vergangene, das Gegenwärtige und Zukünftige. Sie ist die Erinnerung, auf der alles Leben und alles Schöpferische ruht. Das Vergessen von Ordnung und vom Ursprung aller Dinge ist schlimmer als der Tod. Lethe, der Totenfluß, raubt die Erinnerung. Noch Dante bittet im zweiten Gesang des *Inferno* die Musen, die Erinnerung zu wahren: »Helft denn ihr Musen, hilf, du Kraft von oben, / Erinnerung, die du wahrst ...«

Wenn der Philosoph Kurt Hübner in seinem Buch *Wahrheit des Mythos* feststellt, daß »das Aufkommen des industriellen Zeitalters schließlich mythisches und religiöses Denken weithin zerstört hat«[15], so weht uns doch der mythische Zauber, den wir durch die modernen Naturwissenschaften verlorengegangen glaubten, in der Äußerung Wheelers wieder entgegen. Die von Max Weber für das wissenschaftlich-technische Zeitalter befürchtete »Entseelung der Natur« scheint unbegründet.

Auch Goethe befürchtete diesen Zustand, wenn er im ersten Teil seiner Tragödie Faust erkennen läßt: »Die Geisterwelt ist nicht verschlossen; / Dein Sinn ist zu, dein Herz ist tot!« Da uns die einende mythische Erfahrung von Kunst und Wissenschaft abhanden gekommen ist, müssen wir uns auf die genaue Kenntnis und auf das Verbindende von Kunst und Naturwissenschaft besinnen.

Die griechische Mythologie kannte die Relativierung von Raum und Zeit, indem sie zwischen einem profanen und einem heiligen Raum, zwischen einer profanen chronologischen und einer heiligen Zeit unterschied. Die Relativierung von Raum und Zeit in der Relativitätstheorie sollte uns Leben und Geschichte ebenfalls als flüchtige Erscheinungen in Raum und Zeit begreiflich werden lassen. Dieses Gefühl scheint bei oberflächlicher und vordergründiger Betrachtung verlorenzugehen. Heiner Müller hat das bei der ersten unmittelbaren Begegnung mit dem Werk Richard Wagners an einem nicht profanen Ort, im Festspielhaus, sogleich gespürt: »Das ist auch der Triumph von Wagner in Bayreuth, daß da dem Publikum ein anderer Zeitablauf, ein anderer Zeitraum aufgezwungen wird«[16], eine Beobachtung, die an einen Satz aus Nietzsches Vierter *Unzeitgemäßer Betrachtung* erinnert, wo es heißt, daß »alle Die, welche das Bayreuther Fest begehen, als unzeitgemäße Menschen empfunden werden: sie haben anderswo ihre Heimath als in der Zeit«.[17]

In der Mikrowelt der Atome finden sich ähnliche Raum- und Zeitphänomene, die plötzlich nicht mehr eindeutig bestimmbar sind. Je genauer der Ort eines Elementarteilchens bestimmbar ist, um so ungenauer, um so »unschärfer« ist die Bestimmung seiner Geschwindigkeit. Dieses Phänomen, auf das Werner Heisenberg bei Untersuchungen von Elektronenbewegungen im Atom stieß, ist als Unschärferelation in die Geschichte der Physik eingegangen. Eine genaue Ortsbestimmung ist in der Welt der Elementarteilchen unmöglich. Bei zwei sehr eng zueinander stehenden Schlitzen kann beispielsweise ein Elektron entweder durch den einen oder durch den anderen Spalt fliegen. Unter bestimmten Umständen könnte es sogar durch beide gleichzeitig geflogen sein. Wenn viele Elektronen einzeln nacheinander losgeschickt werden, so wird ihre Gesamtheit durch eine Wellenfunktion beschrieben, die hinter den Schlitzen auf einem Schirm ein Interferenzbild erzeugt (Wahrscheinlichkeitswelle). In einer Quantenwelt entsprächen dem Tarnhelm dann die Punkte verschwindender (unsichtbarer) Intensität der Interferenzfigur. Die Wahrscheinlichkeitswelle der Elementarteilchen gäbe dem Tarnhelm in der modernen Quantenmechanik seine physikalische Erklärung.

Daß diese Phänomene lange Zeit übersehen wurden, liegt daran, daß die unseren Sinnen zugängliche Welt im Vergleich zu Elementarteilchen so viel größer ist und die Geschwindigkeiten in unserer Welt im Vergleich zur Lichtgeschwindigkeit so viel geringer sind. Ebensowenig bemerken wir das Phänomen von Raumkrümmung und Relativität der Zeit, weil die Dimensionen der irdischen Welt so klein sind und ihr Gravitationsfeld im Vergleich zu den Verhältnissen im übrigen Universum, mit denen sich die Relativitätstheorie beschäftigt, so schwach ist. Diese Phänomene beweisen aber, daß eine Welt hinter der vordergründigen existiert, daß wir von der Mikrowelt der Atome ebenso weit entfernt sind wie von der Makrowelt des Universums: Das kann man mit »naher Ferne« bezeichnen. Nichts anderes behaupten Mythos und Naturwissenschaft, nur nennt die Naturwissenschaft ihre Zusammenschau nicht Wahrheit, sondern Ausschnitt der Wirklichkeit. Für diesen Zusammenhang bezeichnend ist die Tatsache, daß zu Anfang des 17. Jahrhunderts Mikroskop und Teleskop gleichzeitig entwickelt wurden – zur Erforschung der Welt des Allernächsten und des Allerfernsten.

Was bedeutet diese physikalische Erkenntnis für die *Ring*-Deutung? Bei Betrachtung kleinerer Handlungs- und Zeitkomplexe im Sinne historischer Abläufe scheinen zeitliche und örtliche Bestimmungen einigermaßen scharf fixiert zu sein. Bei Betrachtung größter Handlungs- und Zeitkomplexe werden räumliche und zeitliche Bestimmungen unscharf. Im übertragenen Sinn ist das die Problematik des Teils, der das Ganze erfassen will und seine Zuflucht in der auratischen nahen Ferne suchen muß. Die sentimentale Gefühlsregung Alberichs aus verletztem Liebesschmerz, zu der er ja durchaus fähig ist – »Wehe! Ach wehe! / O Schmerz! O Schmerz! / Die dritte, so traut, / betrog sie mich auch?« – hätte, wäre sie nur von einer der Rheintöchter erhört worden, dem Handlungsverlauf des *Rings* eine andere Wendung geben können. Wotan, wäre er seiner väterlichen Liebe und nicht »realpolitischem« Macht- und Sachzwang gefolgt, hätte seinen einzigen Sohn eben nicht geopfert. Die Fabel von Macht und Liebe im *Ring* hätte einen ganz anderen Erzählverlauf genommen.

Mögen im Lichte der »Alltagswelt« immer nur »Ja/Nein«-Entscheidungen möglich sein, sind in der Quantenmechanik Entscheidungen mit vielen Möglichkeiten gleichzeitig zu betrachten. Der jeweils eingeschlagene Weg, die ausgeführte »Möglichkeit«, wird dann gern als die »Summe über die Geschichte« definiert. Das wird bei der Behandlung des *Parsifal* ausführlich zu beschreiben sein. In dieser Deutung der *Ring*-Tetralogie, die einen strengen Determinismus im Sinne der beschriebenen Unschärferelation aufgibt, verlieren die von uns oberflächlich als irrational eingestuften Handlungen der mythischen Gestalten einen Teil ihrer Unverständlichkeit, weil sie jetzt als möglicher Ausdruck elementarer Unschärfen der Elementarteilchen angesehen werden können, welche die komplizierten Hirnfunktionen der Handelnden steuern. Wenn die quantenmechanische Unschärferelation das Fundament der elementaren Bausteine unserer Welt darstellt, des Kosmos im großen und der Untereinheiten unserer Nervenzellen im kleinen, dann sollten ihre Gesetzmäßigkeiten auch unsere Handlungen im Makroskopischen reflektieren. Das scheinbar Irrationale könnte der Ausdruck unseres Gefangenseins in diesen Gesetzmäßigkeiten sein. Wir sehen zunächst immer nur das oberflächliche Geschehen, ohne uns ständig Rechenschaft abzulegen von den darunterliegenden quantenphysikalischen Unschärfen. So verbirgt sich hinter dem makroskopischen Gefüge der *Ring*-Handlung die mikroskopische Unbestimmtheit der den handelnden Personen zugrundeliegenden Unschärfe; jede Regung, jede Handlung kann so oder auch ganz anders ausfallen, ohne den quantenphysikalischen Gesetzmäßigkeiten, von denen sie bestimmt sind, zu widersprechen.

In der gleichen Weise unterliegen auch unsere intellektuellen Interpretationen den quantenphysikalischen Unschärfen der elementaren Bausteine unserer Nervenzellen. Sie können in dieser oder in ganz anderer Weise ausfallen. Der Teil, der das Ganze erfassen will, ist immer auch notwendig Teil dieses Ganzen. Er reflektiert eben immer auch über sich selber. Das Problem der Selbstreflexion vermag auch die Quantenphysik noch nicht zu erklären. Vermutlich ist die Lösung in der Vereinigung von Relativitätstheorie, Quantentheorie und Molekularbiologie zu suchen. Das Geheimnis, wie ein physikalisch-biologisches Objekt zur Erkenntnis seiner selbst gelangt, muß in der besonderen Struktur und hohen Organisation unseres genetischen Materials liegen. Die Lösung dieses Geheimnisses mag in einer Vereinigung der mythisch-künstlerischen mit der naturwissenschaftlichen Welt liegen, weil sie die einzige Möglichkeit darstellt, die oben beschriebene cartesianische Teilung zu überwinden.

Die mangelnde Vertrautheit der Zeitgenossen mit den Naturwissenschaften war für den englischen Naturwissenschaftler,
Gesellschaftskritiker und Erzähler Charles Percy Snow ebenso
schockierend wie die Vorstellung, ein Naturwissenschaftler
könne nie von Shakespeare gehört haben: »Viele Male bin ich
mit Menschen zusammengetroffen, die nach dem üblichen
Maßstab für hochgebildet gelten konnten und die ziemlich
genüßlich ihrer Verwunderung über die mangelnde Bildung
der Naturwissenschaftler Ausdruck gaben. Ein- oder zweimal
habe ich mich zu der Frage hinreißen lassen, wie viele von ihnen
den zweiten Hauptsatz der Thermodynamik beschreiben können. Die Reaktion war kühl: Sie war auch negativ. Dabei habe
ich nur etwas gefragt, was als naturwissenschaftliches Äquivalent der Frage gelten könnte: Haben Sie jemals ein Stück von
Shakespeare gelesen?«[1] Nachdem wir die außerordentliche Bedeutung des zweiten Hauptsatzes im vorhergehenden Kapitel
kennengelernt haben und wissen, daß die dadurch definierte
Entropie für den Zeitablauf, für Werden und Vergehen, für die
Geschichtlichkeit der Welt verantwortlich ist, können wir die
sarkastische Bemerkung von Snow verstehen.

Sein Buch *The Two Cultures* (1959) ist eine Auseinandersetzung mit der Tatsache der bedauerlichen Aufteilung des geisteswissenschaftlichen und des naturwissenschaftlichen Wissens, die in der modernen Gesellschaft existiert. Sie führt dazu,
daß die einen den naturwissenschaftlichen Aspekt in den Gei-
stes- und die anderen den geisteswissenschaftlichen Aspekt in
den Naturwissenschaften übersehen. Die Bedeutung der Thermodynamik wird verständlich, wenn selbst ein Elementarteilchenphysiker wie Hans Graßmann, der Mitentdecker des top-

Quarks, des letztentdeckten Bausteines der Materie, bei der Thermodynamik ins Schwärmen gerät, »die in diese gleichgültige Welt Entwicklung und Ziel bringt, Veränderung und Schönheit. Und vielleicht auch Hoffnung. Denn sie ist es, die die Physik wieder mit ihrer Familie vereint, mit der Philosophie, der Kunst, der Mathematik und mit manch anderen Verwandten.«[2]

Wie im vorangegangenen Kapitel gezeigt, sind Symmetriebrechung, Ordnung und Untergang eng miteinander verknüpft. Eine Vorahnung dieses Zusammenwirkens findet sich in poetischer Gestaltung bei Oscar Wilde, dem Dichter einer Ordnungs- und Untergangsästhetik des ausgehenden 19. Jahrhunderts, als ästhetischer Mythos eines rachsüchtigen Gemäldes. Im *Bildnis des Dorian Gray* heißt es, »hoch organisiert zu sein ist der Zweck des menschlichen Daseins«.[3] Ordnung und Untergang sind eine Folge der Abhängigkeit aller physikalischen Prozesse von den mathematischen Gesetzmäßigkeiten der Thermodynamik. Den zweiten Hauptsatz der Thermodynamik hielt Albert Einstein für einen der wichtigsten Sätze in den gesamten Naturwissenschaften. Was der menschliche Geist in Mythos und Naturwissenschaft zu beschreiben und zu deuten versucht, ist das Wissen von der Natur als Einheit.

Die Evolution des Kosmos setzt Symmetriebrechung voraus, um »Welt« entstehen zu lassen, zuerst die unbelebte und sehr viel später die belebte; Symmetriebrechung etabliert eine Ordnung, stellt eine Art Phasenübergang dar. In den verschiedenen Phasen herrschen verschiedene Ordnungszustände. Der Gleichgewichtszustand zwischen Ordnung und Unordnung aber unterliegt dem zweiten Hauptsatz; die Entropie beschreibt das Streben nach größtmöglicher Unordnung. Entropie ist ein Maß für Unordnung.

Der menschliche Organismus beispielsweise ist ein hochspezialisierter Ordnungszustand. Die Symmetriebrechung wird verdeutlicht durch die Verdoppelung der menschlichen Erbsubstanz (DNS), die asymmetrisch verläuft, oder durch die Tatsache, daß es zwei Spielarten chemisch identischer Eiweißbausteine gibt, die man Aminosäuren nennt: eine linksdrehende Aminosäure und ihr identisches Spiegelbild, eine rechtsdrehende. Die Symmetriebrechung führt zu menschlichen Eiweißen, die ausschließlich aus linksdrehenden Aminosäuren aufgebaut sind. Das chemisch absolut identische Spiegelbild wird von den eiweißaufbauenden Enzymen, die ihrerseits wieder aus linksdrehenden Aminosäuren bestehen, nicht akzeptiert. Daß der Mensch nur scheinbar aus zwei symmetrischen Hälften besteht, muß hier am Rande Erwähnung finden.

Da die Ordnung der Planeten, Sterne und Milchstraßen im Kosmos aus Symmetriebrechung hervorgegangen ist, unterliegt sie zugleich den Gesetzmäßigkeiten der Thermodynamik. Das bedeutet für die Welt als Ganze: Unordnung, Auflösung und Untergang sind programmiert. Der Frage nach dem Anfang des Universums schließt sich notwendig die Frage nach dem Ende an. Gibt es hier ebenso Analogien und ins Auge springende Affinitäten, wie wir sie von unserem Grundansatz her erwarten würden, wenn wir das Ende des Kosmos naturwissenschaftlich beschreiben und mit dem Ende des musikalischen Kosmos vergleichen?

Aus unterschiedlichen astrophysikalischen Beobachtungen läßt sich eine allgemeine Galaxienflucht – alle Milchstraßen entfernen sich voneinander – zwingend ableiten. Aus dem Proportionalitätsfaktor dieser Fluchtgeschwindigkeiten im Verlauf der Zeit, der sogenannten Hubble-Konstante, läßt sich die Frage nach dem Anfang des Universums mit ziemlicher Genauigkeit beantworten.[4] Wenn man die heutigen Abstände der Galaxien kennt und ihre Fluchtgeschwindigkeiten bestimmt, mit denen sie sich auseinanderbewegen, kann man leicht berechnen, zu welcher Zeit sie sich, von einem Punkt ausgehend, erstmals voneinander entfernt haben, wann also die Fluchtbewegung begonnen hat. Man kann in die Vergangenheit zurückrechnen und den Zeitpunkt ermitteln, an dem sie sich von einem Punkt maximaler Dichte und Energie voneinander entfernt haben. Wenn man die Hubble-Konstante mit 15 Kilometer pro Sekunde je eine Million Lichtjahre annimmt, dann beträgt die seit Beginn des Auseinanderstrebens der Galaxien verflossene Zeit eine Million Lichtjahre, geteilt durch 15 Kilometer pro Sekunde: Das ergibt 20 Milliarden Jahre.[5] Das auf diese Weise errechnete »Alter« wird als »charakteristische Expansionszeit« bezeichnet; es ist nichts anderes als der Kehrwert der Hubble-Konstante. In einer Zusammenschau des Universums vom »Urbeginn« an ergeben sich merkwürdige Dinge: Die Kosmologen teilen Lichtjahre durch Geschwindigkeit und erhalten das Alter des Universums. Hier deutet sich an, daß bei Betrachtung der Welt als Ganzer etwas Grundlegendes mit Zeit und Raum geschieht. Der Begriff »Lichtjahr« meint keine Zeit, sondern bezeichnet die Strecke, die das Licht in einem Jahr zurücklegt. Für die Strecke von der Sonne zur Erde benötigt es 8 Minuten. Die Sonne ist also 8 Lichtminuten oder 150 Millionen Kilometer von uns entfernt.

Wegen der Endlichkeit der Lichtgeschwindigkeit ($\cong$ 300 000 km in der Sekunde) benötigt jedes Signal, jede Botschaft aus den Tiefen des Weltraums, ebenso viele Jahre, wie der Sender der Botschaft, in Lichtjahren gemessen, von uns entfernt ist. Das Licht einer Galaxie, die beispielsweise 1 Million Lichtjahre von uns entfernt ist, sehe ich zur »Jetztzeit« auf dem Planeten Erde, in einem Zustand, in dem sich die entfernte Galaxie vor 1 Million Jahren befand. Bestimmt man daher die Fluchtgeschwindigkeit dieser Galaxie, so hat das Licht, das jetzt hier eintrifft, die ferne Galaxie vor 1 Million Jahren verlassen. Wir bestimmen also die Fluchtgeschwindigkeit der Galaxie, wie sie vor 1 Million Jahren war. Mit anschaulicheren Worten: Unsere Jetztzeit ist die Vergangenheit der fernen Galaxie, aber sie ist auch gleichzeitig ihre Zukunft. Ihre Vergangenheit ist mein Jetzt, ihr Jetzt ist meine Zukunft. Wir blicken buchstäblich in die Vergangenheit, aber die Zukunft ist uns verschlossen. Mit unserer Jetztzeit erfassen wir die Vergangenheit der fremden Galaxie, weil der unermeßliche Raum, der zwischen uns und der fernen Galaxie liegt, nur mit endlicher Lichtgeschwindigkeit durchmessen werden kann.

Wenn wir den Kosmos erfassen wollen, und nicht weniger intendiert Wagners Gedicht vom Anfang und Ende der Welt im Gewand des Mythos, geraten wir immer wieder in die Zeitbeschreibung der Relativitätstheorie: »Wie alles ward, wie alles sein wird.« Vergangenheit und Zukunft verweben sich im Zeitgespinst der Ur-Wala und ihrer Töchter, der Nornen.

In seiner programmatischen Erläuterung zu Beethovens Neunter Symphonie hatte Wagner 1846 noch von einer Welt gesprochen, die Gott sich selbst zur Freude schuf. Während seiner Tätigkeit als Hofopernkapellmeister in Dresden brachte er dieses damals mißverstandene Werk an jedem Palmsonntag zur Aufführung. Er war der erste Dirigent, der nicht nur die Aufführung, sondern auch alle Proben auswendig dirigierte. Im Kommentar zum Konzert, für den er »Worte unseres großen Dichters Goethe zur Hülfe nimmt«, fast ausschließlich aus dessen *Faust*, heißt es für den ersten Satz: »Am Schlusse des Satzes scheint diese düstere, freudlose Stimmung, zu riesenhafter Größe anwachsend, das All zu umspannen, um in furchtbar erhabener Majestät Besitz von dieser Welt nehmen zu wollen, die Gott – zur Freude schuf.«[6] In der *Walküre* spricht Wotan in tiefem Schmerz von einer »Welt, die einst zur Lust mir gelacht:–«. Daß Wagner diese Welt, diesen Kosmos, den Gott sich »zur Freude schuf«, in der *Götterdämmerung* untergehen läßt, ist schwer nachzuvollziehen; der Brand ist, auch dies eine mythische Metapher, eher als Katharsis zu verstehen.

Um die mythische »Weltzeit« im *Ring* mit den Zeitphänomenen in der Relativitätstheorie zu vergleichen, müssen wir uns mit dem Problem der unterschiedlichen Fluchtgeschwindigkeiten der Galaxien näher befassen. Bestimmen wir also »jetzt«, »gleichzeitig«, die Fluchtgeschwindigkeit einer Galaxie Alpha-2, die 2 Millionen Lichtjahre entfernt ist im Vergleich zu einer Galaxie Alpha-1, die 1 Million Lichtjahre entfernt ist, so ist leicht einzusehen, daß wir die Geschwindigkeit von Alpha-2 bestimmen, wie sie 1 Million Jahre vor Alpha-1 gewesen ist. Das Licht hat 1 Million Jahre länger gebraucht, um zu uns zu gelangen. Die Differenz der Fluchtgeschwindigkeiten stellt ein genaues Maß dar für die Abnahme innerhalb des Zeitraums von 1 Million Jahren. Damit besitzen wir eine meßbare Größe für die Verlangsamung der Fluchtgeschwindigkeit.

Setzt man nun diese Größe ins Verhältnis zur Gravitationskraft der bekannten Massen aller Galaxien des sichtbaren Universums, die dem Expansionsbestreben entgegenwirkt, läßt sich aus dem Verhältnis beider Größen abschätzen, welche die Überhand gewinnen wird: die endlose, ewige Expansion der Galaxien in die Tiefen der Weltennacht des Universums oder die Gravitationskraft der gesamten Materie, die den Expansionsschwung verlangsamt, schließlich anhält und die Galaxien zwingt, wieder in sich zusammenzustürzen, zu einem Punkt unendlicher Dichte und Energie, in dem die Gesetze der Physik zusammenbrechen, Symmetrie und Harmonie wieder hergestellt werden und Zeit und Schöpfung neu beginnen können. Dem Urknall, dem »big bang«, würde so der Zusammenbruch folgen, der »big crunch«, und diesem wiederum ein »big bang« und so weiter. In Schellings *Schriften zu Naturphilosophie* findet sich dieser Gedanke, wie der schon erwähnte einer Urknall-Explosion des Universums, wenn er fragt, »ob man sich den Ursprung des Weltsystems durch einen Wechsel von Ausdehnung und Zusammenziehung denken solle«.[7]

Wird sich also das Universum in alle Ewigkeit ausdehnen, verdünnen und, weiter abkühlend, schließlich als »lichtlose Glut« am absoluten Nullpunkt der Weltennacht erstarren? Hier könnte dann erstmals die Entropie nicht weiter zunehmen; alle geordneten Prozesse würden enden. Oder werden die Millionen von Galaxien – wie es im Schlußsatz von Beethovens Neunter Symphonie heißt: »ihr stürzt nieder, Millionen« – wieder in sich zusammenstürzen, dichter und heißer werden, diesmal mit abnehmender Entropie, bis zu einem Punkt unendlicher Dichte und Energie, um aus einem zeitlosen Nichts in ein neues Universum zu expandieren? »Geht der Kosmos nicht vielleicht durch eine periodische Folge von Weltbränden, nach denen stets alles von neuem beginnt?«[8] fragt Carl Friedrich von Weizsäckers in seiner *Geschichte der Natur*. Auch diese »periodische Folge von Weltbränden« beschreibt Schelling schon 1799: »Nehmen wir ein solches allgemeines Zurückfallen jedes Systems in sein Centrum an, so wird nach dem selben Gesetze jedes System verjüngt aus seinen Ruinen wieder hervorgehen.«[9] Endloser Neuanfang oder ewiges Ende? Eine überzeugende Antwort kann die Kosmologie noch nicht geben. So präzise der Anfang bestimmt ist, so unbestimmt und vage das Ende. Auch das Ende der *Götterdämmerung* bleibt offen.

Daß es noch keine eindeutige Antwort gibt, liegt an einer Restunsicherheit der Astrophysik bei der exakten Bestimmung der Gesamtmasse des Universums. Wie phantastisch uns die Folgerungen erscheinen mögen, sie stützen sich wesentlich auf physikalische Fakten und die später genau zu beschreibende »Ästhetik mathematischer Gesetzmäßigkeiten«. Die denkbaren infernalischen Endzustände – Höllenglut oder Eiseskälte – könnten Szenarien des Mythos, aber auch eschatologische Deutungen sein. In einer kurzen Arbeit des englischen Astronomen Martin Rees aus dem Jahre 1969 wird geschildert, was geschehen würde, wenn das Universum zusammenfiele. Die astrophysikalische Arbeit *Über den Kollaps des Universums* trägt den Untertitel: *Eine eschatologische Untersuchung.*

Der punktförmigen Dichte und Präzision des *Rheingold*-Anfangs, als Weltschöpfungsbild durchaus dem astrophysikalischen Phänomen des Urknalls vergleichbar, steht das zerfließende, auf der Schlußfermate quasi stehenbleibende Ende der *Götterdämmerung* gegenüber. Mit Brünnhildes Schlußgesang aus dem dritten Aufzug *Götterdämmerung*: »Starke Scheite schichtet mir dort, am Rande des Rheins zuhauf«, beginnt der Epilog der Tetralogie. Hier wird die Summe einer weltschöpferischen Handlung gezogen und die Reprise einer sehr vielgestaltigen musikalischen Motivik abgeschlossen. Der Größe der Aufgabe entspricht auch das Ringen um die musikalische Gestaltung. Es gibt fünf Fassungen des symphonischen Schlußsatzes. Wann endet diese Welt? Was bleibt nach der Fermate, wohin leitet sie über? Wann endet diese Welt für die Zuschauer, wann für die Protagonisten? Wann aber endet die Fermate im Schlußtakt der *Götterdämmerung*? Ist das Ende das eben noch wahrnehmbare Schallphänomen? Ist es der Nachklang in uns, die sprechende Pause, die Stille der inneren Sammlung nach all dem dramatischen Geschehen von der Welt Anfang bis Ende? Der schwebende Zwischenzustand der Schlußfermate mag damit zusammenhängen, daß wir nicht nur äußere Betrachter des Bühnengeschehens sind, sondern ebenso innere Teilnehmer, passionierte Lauscher. Um es in der Sprache der quantenphysikalischen Unschärferelation zu fassen: Wir sind bei einem Welterleben angelangt, das immer nur eine Aufenthaltswahrscheinlichkeit in der hörbaren musikalischen Welt angeben kann. Die Grenzlinie der Unterscheidbarkeit zwischen Betrachter und Betrachtetem, zwischen Subjekt und Objekt, wird, mit zunehmender Komplexität, immer schwieriger bestimmbar. Die Tetralogie *Der Ring des Nibelungen* beginnt ganz konzise, doch ist das Ende des Werks offen, unscharf, unbestimmbar. Die Deutung der Welt ist mit zunehmender Erkenntnis nicht einfacher geworden. Die Suche nach einer *Ring*-Deutung, nach der einen, einigenden Weltformel oder besser: einer einzigen Weltdeutungsformel bleibt eine utopische Sehnsucht.

Am Schluß des *Ringes* stehen wir vor der Alternative: ewiges Ende oder Wiederbeginn als endloser Neuanfang. Dabei ist die textanalytische Unterscheidung der unterschiedlichen Schlußfassungen der Dichtung – der Schluß nach Schopenhauer, Feuerbach oder »Buddha« – nicht essentiell. Die inszenatorischen Realisationen der letzten Jahre stellen denn auch beide Alternativen, so diametral sie auch erscheinen mögen, überzeugend dar. In Patrice Chéreaus Inszenierung der Bayreuther *Götterdämmerung* (1980) endete mit dem Brand Walhalls alles Weltgeschehen. Der Schluß der Bayreuther *Götterdämmerung* von Harry Kupfer (1992) ließ erkennen, daß alles Weltgeschehen am anderen Ende der Ewigkeitsstraße wieder neu anfängt. Der Bayreuther *Ring* 2000 in der Inszenierung von Jürgen Flimm verweist am Schluß der *Götterdämmerung* auf Udo Bermbachs Deutung, die *Parsifal* als fünften Teil der *Ring*-Tetralogie ansieht. In *Der Wahn des Gesamtkunstwerks* heißt es, daß »zunächst der Untergang der bestehenden Welt gezeigt werden mußte, bevor der Aufschein des Utopischen musikdramatische Gestalt gewinnen konnte«.[10]

In einem Brief an August Röckel scheint sich Wagner jedoch für den Schluß der Tetralogie nach Schopenhauer festzulegen: »Es bedurfte wahrlich einer großen Umwälzung meiner Vernunftvorstellung, wie sie schließlich durch Sch.[openhauer] bewirkt wurde, um mir zu meinem Gedichte den wirklich entsprechenden Schlußstein zu liefern, der in einer aufrichtigen Anerkennung des wahren tiefen Verhaltens der Dinge besteht.«[11]

Dieser Brief vom Sommer 1856 erlaubt einen Einblick in den Schaffensprozeß Wagners. Ende September 1854, nach Abschluß der *Rheingold*-Reinschrift, kommt er zum ersten Mal mit Schopenhauers Werk in Berührung. Er findet einige Grundgedanken seiner Tetralogie darin wieder: Wotans Ekel über das Weltgeschehen, die Verneinung des Willens zur Macht. Knapp zwei Jahre später modifiziert er den Schluß der Tetralogie im Sinne Schopenhauers, der ihm jetzt »den wirklich entsprechenden Schlußstein« liefert: Machtverzicht, Kontemplation, Selbstopfer und Liebe.

Das gewaltige musikalische Werk endet mit einem symphonischen Orchestersatz, in dem die Hauptmotive des *Rings* in eine neue Beziehung zueinander gesetzt wurden: aufsteigende Sequenzierung des Walhall-Motivs, ergänzt durch die Weia-Waga-Melodie, kulminierend im Motiv der Liebeserlösung. Das Motiv der Erlösung durch Liebe findet sich schon im *Fliegenden Holländer*; im *Lohengrin* und im *Tannhäuser* erscheint es in christlicher, im *Tristan* in mythischer Gestalt. Im *Ring* nimmt es unterschiedliche Formen an. Der Feuertod Brünnhildes erinnert ebenso an die *Edda* wie an buddhistische Tradition.

Im *Ring* erscheint aber eine ganz andere Liebe, die in den vorangehenden Opern Wagners nicht vorkommt: die Mutterliebe Sieglindes. Das, was am Ende des mythisch-dramatischen

Weltgeschehens das Liebeserlösungsmotiv Sieglindes steht – die Liebe der Mutter –, liefert womöglich einen Schlüssel zum Verständnis der Tetralogie. So berichtet Cosima in ihrem *Tagebuch*: »›Ein Übergang‹ macht ihm am Nachmittag zu schaffen, und beim Einschlafen höre ich ihn laut rufen: ›As, ges, f muß es sein.‹«[12] Die musikalische Lösung des nicht näher bestimmten »Übergangs« fiel ihm beim Übergang vom Wachen zum Schlafen ein. Hält man einen der magischen Übergänge, das nach langer Zeit wiederholt erklingende, in den Schlußtakten der *Götterdämmerung* von den Geigen unisono so sehnsüchtig vorgetragene, Liebeserlösungsmotiv Sieglindes aus dem dritten Aufzug *Walküre*: »O hehrstes Wunder«, für eine verbindliche Schlußaussage, kann dies durchaus im Sinne eines Neuanfangs gedeutet werden: eines Neuanfangs ohne Lieblosigkeit, Haß, Betrug und politisches Machtstreben. Der Philosoph Kurt Hübner kommentiert diese Stelle in *Die Wahrheit des Mythos*: »Das Erlösungsmotiv verkündet die Wiederkehr eines goldenen Zeitalters. Selbst wenn man annehmen darf, daß auch dieses im Sinne mythischer Zyklen einmal ein Ende nehmen wird.«[13] Die mythischen Zyklen entsprechen zyklischen Aufeinanderfolgen von Urknall und »big crunch« in der Kosmologie. Die Entropie nähme allerdings wieder zu. Auch diese Welt, wie alle weiteren, entginge nicht ihrer Auflösung.

Hält man dagegen das am Ende erklingende, majestätische Walhall-Motiv für Erklärung, Erlösung und ewiges Ende, das ja der Göttervater Wotan durchaus im zweiten Aufzug *Walküre* so will, und zwar in prononcierter Wiederholung: »Nur eines will ich noch, das Ende, das Ende!«, dann wäre das auch eine Erlösung aus dem Zwang mythisch-zyklischer Wiederkehr.

Es kann keine eindeutige Antwort auf die Frage geben, welches Schicksal der Welt in der Tetralogie zugedacht ist. Es gibt nur verschiedene Möglichkeiten der Deutung. Wagner selbst sagt: »Die That des Künstlers, das Kunstwerk, wird vom anderen am Ende doch wiederum nur so angeschaut, wie er eben seiner eigensten Natur nach anschaut. Wie wenig kann aber der Künstler erwarten, seine eigene Anschauung in der des anderen vollkommen reproduciert zu wissen, da er selbst vor seinem Kunstwerke, wie vor einem Rätsel steht.«[14]

Die nicht vertonten letzten Verse von Brünnhildes Schlußgesang und der in der Partitur darunter festgehaltene Kommentar legen nahe, wie er den Schluß während der Komposition verstanden wissen wollte. Brünnhilde: »der Welt-Wanderung Ziel, / von Wiedergeburt erlöst, / zieht nun die Wissende hin. / Alles Ew'gen / sel'ges Ende, / wisst ihr, wie ich's gewann? / Trauernder Liebe / tiefstes Leiden / schloß die Augen mir auf: / enden sah ich die Welt.–« Wagner kommentiert es so:

»Daß diese Strophen, weil ihr Sinn in der Wirkung des musikalisch ertönenden Drama's bereits mit höchster Bestimmtheit ausgesprochen wird, bei der lebendigen Ausführung hinwegzufallen hatten, durfte schließlich dem Musiker nicht entgehen.« Durfte »dem Musiker« nicht entgehen, nicht etwa dem Dichter. Diese Welt entstand in *Rheingold* aus Musik, und dieser Weltschöpfungsmythos endet in musikalischer Eschatologie – »Enden sah ich die Welt« – in der *Götterdämmerung*. Brünnhilde aber zieht als »Wissende« hin: »Von Wiedergeburt erlöst.« Aber was weiß sie, und wohin zieht sie? Sie weiß von »trauernder Liebe tiefstem Leiden«, denn das »schloß die Augen ihr auf«. Sie zieht in eine Welt »nach« dieser Welt. Sie gab aus Liebe ihr Wissen dahin und entrang doch zuletzt »tiefstem Leiden« das allertiefste Wissen vom Ende der Welt.

Wagners eigene Sicht vom »Weltende« der unterschiedlichen Kulturen finden wir in einem Brief an den Historiker Constantin Frantz, in dem er aufgrund historischer Analogien für die Mitte des kommenden Jahrhunderts einen Rückfall in die Barbarei voraussagt. Noch deutlicher wird er in dem Aufsatz *Publikum und Popularität*, in dem er 2000 Jahre als die Periode annimmt, die große historische Entwicklungen aus der Barbarei und zurück benötigen: »Die zweitausendjährige Periode, in welcher wir bisher große geschichtliche Kulturen von der Barbarei bis wiederum zur Barbarei sich entwickeln sahen, dürfte für uns etwa um die Mitte des nächsten Jahrtausends in gleicher Weise sich abgeschlossen haben.«[15]

## Enden sah ich die Welt

Nach Abwägung aller Parameter zur Bestimmung des gesamten Masseninhaltes des Universums und der durch die Hubble-Konstante festgelegten Fluchtgeschwindigkeiten der Galaxien scheint die erforderliche kritische Materiedichte nicht vorhanden zu sein, um mit ihrer alles anziehenden Gravitationskraft die Galaxienflucht aufzuhalten und umzukehren. Jüngste Erkenntnisse der kosmologischen Forschung[1] legen allerdings nahe, daß die Expansionsgeschwindigkeit mit zunehmendem Alter des Universums größer wird. Unter diesen Umständen ist der Kosmos viel älter als 15 Milliarden Jahre. Wenn die Expansion des Universums unverkennbar langsamer würde, müßte es sich in der Vergangenheit viel rascher ausgedehnt haben, und der Urknall läge nicht so weit zurück. *Immer Ärger mit dem Urknall* lautet daher der Titel eines Buches des theoretischen Physikers Reinhard Breuer. Wegen der zu geringen Massendichte wird das gesamte Universum vermutlich auf ewig expandieren, falls es nicht noch zusätzliche, verborgene

Materie gibt. Auf diese verborgene Materie, die sogenannte »dark matter«, dunkle Materie, deuten bestimmte Unregelmäßigkeiten bei den gigantischen, Jahrmillionen dauernden Rotationsbewegungen der Galaxien hin. Auch die übergeordneten Galaxienhaufen müßten auseinanderfliegen, weil sich die einzelnen Galaxien zu schnell bewegen. Wenn sie doch zusammenhalten, muß ein Gravitationssog wirken, der von etwas ausgeht, das viel schwerer ist als die Galaxien selbst. Die Gebilde, die wir Galaxien nennen, könnten lediglich die Spuren von Sedimenten sein, die sich inmitten riesiger Massen unsichtbarer Materie einer ganz unbekannten Art abgelagert haben. Die Astronomen und Astrophysiker sind mit dem Blick durch neuere und empfindlichere Instrumente – Radioteleskope, Neutrinodetektoren – dieser Materie auf der Spur. Die Schwerkraft ist die einzige Eigenschaft, die dunkle Materie mit normaler Materie zu teilen scheint. Wenn es genug dunkle Materie gibt, könnte die Expansion schließlich zum Stillstand kommen. Die dunkle Materie würde dann nicht nur die gegenwärtige Struktur des Universums bestimmen, sondern auch sein zukünftiges Schicksal. Einen zwingenden Beweis für ihre Existenz gibt es allerdings noch nicht. Sollte es diese unsichtbare Materie tatsächlich geben, würde das bedeuten, daß der dreidimensionale Raum geschlossen ist. In einem geschlossenen Universum aber umläuft die eingangs beschriebene geodätische Linie die endliche Welt und kehrt zu ihrem Ursprung zurück. Die Sehnsucht nach dem Ineins von Uranfang und Ende ließe sich auch kosmologisch befriedigen. Die geodätische Linie, die das gesamte Universum umschlösse, stellte dann auch die größte überhaupt vorstellbare mythisch-zyklische Spirale dar. Eine kosmologische Rückkehr zum Uranfang! Das gesamte Universum müßte nicht ewig expandieren, die Millionen würden wieder »freudetrunken« herniederstürzen, sich zu einem Punkt unendlicher

Dichte und Energie zusammenziehen, und alles würde neu beginnen. Ernest Newman, wenn er von den ganz großen Momenten in der Musik des *Ringes* spricht, bedient sich dieses immer wiederkehrenden mythischen Topos vom Weltenende am Ende der Zeiten: »... die Musik ist von der Art, wie sie der Geist des Universums hören würde, wenn die Welten am Ende der Zeit ineinanderkrachen.«[2]

Die das gesamte Universum umschließende, geodätische Spirale der Relativitätstheorie könnte der »Welten Ring« sein, von dem Loge im *Rheingold* wehmütig singt: »In der Welten Ring / nichts ist so reich, / als Ersatz zu muten dem Mann / Für Weibes Wonne und Wert.« Ring wie Spirale durchdringen und umschlingen die Welt. Das sich unmittelbar an »für Weibes Wonne und Wert« anschließende musikalische Motiv, mit seinem Beziehungsbogen bis in den zweiten Aufzug *Siegfried*, gibt einen Hinweis, welche Wonne und welcher Wert gemeint sind.

Houston Stewart Chamberlain, der Schwiegersohn Wagners, sieht im »Streben nach Macht und der Sehnsucht nach Liebe« den zentralen Konflikt im *Ring*-Geschehen.[3] Wahre Liebe und Macht aber schließen nach Wagners Vorstellung einander aus. Das ist eine der wichtigsten Aussagen in dieser episch breiten Geschichte von Liebe und Betrug, von Verrat und Mord. Die Quellen, aus denen Wagner schöpfte, waren die *Völsungen Saga*, die *Thidrek Saga* und das *Nibelungenlied*, und »aus all dem hat er das erstaunlichste aller Dramen seit der *Oresteia* gemacht«.[4]

Wagner, der Rebell von 1849, gestaltete die Urzelle des *Ring*-Mythos, *Siegfrieds Tod*, in der festen Überzeugung, daß unsere auf Geld- und Machtgier, Verrat und Betrug, auf Naturzerstörung und Lieblosigkeit aufgebaute Welt dem Untergang geweiht ist. Nachdem er 1848 den Prosaentwurf *Der Nibelungenmythus, als Entwurf zu einem Drama* dem Regisseur Eduard

Devrient vorgetragen hatte, notierte dieser in sein Tagebuch: »Nachher sprachen wir lange und kamen natürlich auch auf den Staat, wo er wieder sein Steckenpferd, die Vernichtung des Kapitals, bestieg.« Anzumerken ist, daß Wagner selbst sich in *Mein Leben* nicht mehr richtig erinnert, wenn er von dem »vorgelesenen Gedicht« spricht, also vom Operngedicht *Siegfrieds Tod*, der späteren *Götterdämmerung*. Er erwähnt ausdrücklich den »Nachweis eines Fehlers«, auf den Devrient ihn hingewiesen habe, der darin bestanden habe, daß, »ehe man Siegfried und Brünnhilde in ihrem feindseligen Konflikte vor sich sähe, dieses Paar zuvor in seinem wahren, ungetrübten Verhältnis einmal kennengelernt worden sein müßte. Ich hatte nämlich das Gedicht von *Siegfrieds Tod* gerade nur mit den Szenen, welche auch jetzt noch den ersten Akt der *Götterdämmerung* bilden, begonnen und alles auf das vorangehende Verhältnis Siegfrieds zu Brünnhildes deutende in einem lyrisch-epischen Dialog dem Zuschauer erläutert. Der hiermit von Devrient gegebene Wink brachte mich zu meiner Freude sofort auf die Szenen, welche ich im Vorspiel zu diesem Drama ausgeführt habe.«[5] Es war also nicht das Gedicht *Siegfrieds Tod*, das er Eduard Devrient vorgetragen hat, sondern der Prosaentwurf *Der Nibelungenmythus, als Entwurf zu einem Drama*, denn nur hier fehlen jene Szenen, welche später das Vorspiel zur *Götterdämmerung* bilden: die drei Nornen, Siegfried und Brünnhilde. Nur der Prosaentwurf beginnt mit der Halle der Gibichungen am Rhein. Das dramaturgisch Problematische dieses Anfangs ist dem Theatermann Devrient sofort klargeworden. Möglicherweise ist sein Hinweis für die ungewöhnliche Länge des ersten Aktes *Götterdämmerung* verantwortlich. Das Manuskript zu *Siegfrieds Tod, eine große heroische Oper in drei Akten* mit dem neuen »Vorspiel« beschäftigte Wagner vom 12. bis 28. November 1848. Im zweiten Band seiner *Gesammelten*

*Schriften und Dichtungen* erscheint 1871 *Siegfrieds Tod*. Die Abschrift für den Druck fertigte Friedrich Nietzsche an.

Wotans Plan oder seine Hoffnung, die Welt durch den freien, furchtlosen Helden Siegfried retten zu können, ist zum Scheitern verurteilt. Siegfried gebraucht das Schwert, das Symbol von Macht und Gewalt. Am Ende von *Rheingold* ist Wotan beim Anblick von Walhall »wie von einem großen Gedanken ergriffen«. Die C-Trompete intoniert erstmals, »sehr energisch«, das Schwert-Motiv. Aber der große Gedanke einer Rettung durch das Schwert scheitert in der Verstrickung von Liebe, Macht und Schuld. Im Trauermarsch der *Götterdämmerung* erklingt das Schwert-Motiv zum letzten Mal. Mit Siegfried werden die utopischen Hoffnungen Wotans, die Welt durch Vertrag und Gewalt, aber ohne Liebe zu retten, endgültig zu Grabe getragen.

Siegfried verläßt die durch Brünnhildes Liebe beschützte Welt im ersten Aufzug der *Götterdämmerung*. Nach der »Rheinfahrt« betritt er die politische Welt der Gibichungen. Dazu erklingt unüberhörbar das Fluch-Motiv, das von drei Posaunen, wie zum Jüngsten Gericht, geschmettert wird. Eine blutige Tat, die Ermordung des Riesen Fafner, liegt hinter Siegfried; eine zweite, die am Täter selber, künden die Posaunen an. »Heil, Siegfried, teurer Held!« begrüßt ihn sarkastisch sein künftiger Mörder.

Wie kommt das Böse in die Welt? Woher die Antinomie von Liebe und Macht, die leitmotivisch den *Ring* durchzieht? Die Urharmonie des *Rheingold*-Vorspiels mit den harmonisch in den Wellen sich wiegenden Rheintöchtern wird gebrochen durch Alberichs Liebesbegehren. Evas paradiesischer Apfel wird zu Freias goldenen Äpfeln, die ewige Jugend verheißen: Das Spiel um Jugend, Liebe und Macht kann beginnen. Das Böse kommt erst durch das enttäuschte Liebesbegehren in die

Welt, die schlimmste Kränkung, die der Mann hinnehmen muß: »Wehe! Ach wehe! / O Schmerz! O Schmerz! / die dritte, so traut, / betrog sie mich auch?« klagt Alberich zu Beginn der ersten Szene in *Rheingold*, nachdem ihn auch die dritte Rheintochter abgewiesen hat. Das ist nicht Ausdruck von Bosheit, sondern von enttäuschter Liebe. Das Böse kommt, ein biblisches Motiv, durch das ahnungslose Spiel der unschuldigen Frau in die Welt, von Wagner mythisch dargestellt durch die drei Rheintöchter. Durch Liebesverzicht und Liebesfluch wird die Liebe im Pokerspiel um Macht und Gold mißbraucht. Liebesverzicht und Liebesfluch werden zur unerläßlichen Voraussetzung für Macht. »Nur wer der Minne Macht entsagt, / nur wer der Liebe Lust verjagt, / nur der erzielt sich den Zauber / zum Reif zu zwingen das Gold!« singt Floßhilde in *Rheingold*. Wagner spannt auch hier den Bogen zur griechischen Tragödie. In *Oper und Drama* heißt es: »... der Liebesfluch Antigones vernichtet den Staat!« Daß wahre Liebe und Macht unvereinbar sind, sagt Wotan im zweiten Aufzug *Walküre*: »Als junger Liebe Lust mir verblich, / verlangte nach Macht mein Mut.«

Schon im ersten Prosaentwurf von *Rheingold* deutet Wagner diesen Zusammenhang durch ein Wortspiel an. In einem Brief an den Dresdner Freund Theodor Uhlig vom 11. November 1851 aus Zürich schreibt er, daß »Alberich aus wuth ihnen (den Rheintöchtern, H.M.) endlich das Rheingold stiehlt: – dieß gold ist an sich nur ein glänzender schmuck der wassertiefe, eine andere macht wohnt ihm aber bei, die jedoch nur der zu entlocken vermag, *der der liebe* entsagt«.[6] Beiwohnen ist in diesem besonderen Zusammenhang durchaus doppeldeutig. Nach dem Liebesfluch kann der Liebesschacher beginnen: »Erzwäng ich nicht Liebe, / doch listig erzwäng ich mir Lust!« sagt Alberich noch in der ersten Szene *Rheingold*, und Fricka empört sich in der anschließenden Szene: »So ohne

Scham / verschenktet ihr Frechen / Freia, mein holdes Geschwister, / froh des Schächergewerbs. / Was ist euch harten / doch heilig und wert, / giert ihr Männer nach Macht!«

Sieglindes Verbindung mit Hunding ist keine Liebesheirat gewesen, sondern ein Liebesschacher: »Der Männer Sippe saß hier im Saal / von Hunding zur Hochzeit geladen, / er freite ein Weib, das ungefragt / Schächer ihm schenkten zur Frau«, sagt sie schon im ersten Aufzug *Walküre*. Wotan entzieht der Lieblingstochter Brünnhilde aus politischem Kalkül seine Liebe. Wenn das Englischhorn am Ende der Phrase »Dem glücklichern Manne / glänze sein Stern« aus *Walküre* dritter Aufzug das Liebesfluch-Motiv intoniert, wird der Liebesentzug des Vaters zum Liebesfluch für die Tochter.

Liebende sind in dieser Welt der Lieblosigkeit bedroht. Der Riese Fasolt, der Freia liebt, Siegmund und Sieglinde, die Zwillingsgeschwister, die einander schicksalhaft im Inzest verfallen, sie müssen sterben. Die Lieblosen überleben. Doch eine Liebe gibt es, einen utopischen Hoffnungsschimmer, eine Liebe, die nicht erkauft, verraten oder verschachert werden kann.

Nach Loges Satz in der zweiten Szene *Rheingold*: »In der Welten Ring / nichts ist so reich, / als Ersatz zu muten dem Mann / für Weibes Wonne und Wert«, intoniert das Orchester das erwähnte, mit einer Triole beginnende, aufsteigende Motiv, das durch die geteilten Streicherstimmen von den Violoncelli bis zu den zweiten Violinen geht, um dann in einer erweiterten Melodie der gesamten sechzehn ersten Violinen zu kulminieren. Unterstützt werden die ersten Violinen durch eine Imitation der ersten Oboe. Wie wichtig für Wagner gerade diese Stelle war, liest man in Cosimas Tagebüchern: »Und wie Richard weiter darauf kommt, Loge's ›Weibes Wonne und Wert‹ zu singen, weiß ich nicht, aber er knüpft daran die Bemerkung, wie wenig noch beachtet das, wie es ihm dünkte, doch ›ziemlich geglückte‹ Rheingold sei.«[7] Immerhin verknüpft er das »ziemlich geglückte« Rheingold mit eben dieser Stelle.

Welche Wonne und welcher Wert des Weibes damit gemeint ist, wird erst viel später hörbar, wenn dasselbe aufsteigende Motiv im zweiten Aufzug *Siegfried* zitiert wird, das sich einschließlich der Triole durch die geteilten Streicher zieht, nachdem Siegfried wehmütig von seiner Mutter gesungen hat: »Ach, möchte ich Sohn meine Mutter sehen, / meine Mutter ein Menschenweib!«

Das Klangbild der Waldeinsamkeit erreicht Wagner durch einen transparenten, sanften Streichersatz. Die Partitur schreibt den geteilten Streichern »mit Dämpfer« vor. Eine Solovioline »ohne Dämpfer« übernimmt »zart« den Part der sechzehn ersten Violinen aus *Rheingold*. Den Part der Oboe übernimmt das erste Pult der zweiten Violinen. Die durchgängig einen Ganzton höhere Notation dieser Stelle in *Rheingold* trägt sicher der unterschiedlichen Stimmung von »freier Gegend« und »Waldeinsamkeit« Rechnung. Die Betrachtung der reinsten Natur läßt Siegfried die Mutterliebe erkennen, in der Assoziation der Natur als der »Urmutter« aller Lebewesen.

Die Korrespondenz dieser beiden musikalischen Schlüsselstellen macht deutlich, daß auch schon in *Rheingold* die Liebe der Menschenmutter zu ihrem Kind gemeint ist. Mutterliebe ist nach Wagners Meinung die einzige Liebe, die niemals verraten oder verschachert wird. Nicht einmal die kalte, gleißnerische Intelligenz Loges kann ihr etwas anhaben. Wie tief Wagner davon überzeugt ist, macht er klar, wenn er das Liebeserlösungsmotiv aus dem dritten Aufzug *Walküre* – das Motiv einer werdenden Mutter – am Ende der *Götterdämmerung*, in wehmütiger Apotheose eines Streicher-Unisonos, wieder aufnimmt. Sieglinde singt dieses Motiv erstmals, nachdem ihr Brünnhilde eröffnet hat, daß sie ein Kind bekommen wird. Es ist die Liebe zum werdenden Kind, die sich hier im überschwenglichen Glück kundtut. Am Schluß der *Götterdämmerung*, wenn Walhall in Flammen aufgeht und der Rhein über die Ufer tritt, wird nicht das Walhall-Motiv oder das der Rheintöchter so häufig zitiert, sondern das Liebeserlösungsmotiv. Zweimal in den Flöten und Oboen bei Brünnhildes Worten »Im Feuer leuchtend«, zweimal in den Violinen und Oboen bei ihren Worten »Fühl' meine Brust auch, wie sie entbrennt«, erneut in den Violinen und Oboen bei »ihm in mächtigster Minne«, ein sechstes Mal nur in den Oboen, ein siebentes Mal bei »grüß deinen Herren!« in den zweiten Violinen, Bratschen und Holzbläsern, ein achtes Mal in den Flöten bei »Siegfried sieh!«, um dann in allen Violinen (ausdrucksvoll) und den Flöten noch dreimal aufgenommen zu werden, ein letztes Mal fünf Takte vor der Schlußfermate. Ein Motiv, das nach so langer Zeit elfmal wieder aufgenommen wird, ohne daß ein dramatischer Handlungszusammenhang sichtbar ist, muß eine besondere Bedeutung für den Komponisten gehabt haben. Es soll das natürliche Motiv der unschuldigen Rheintöchter harmonisch verbinden und versöhnen mit dem Motiv des künstlichen, schuldbeladenen Götterbaus Walhall: Die Mutterliebe ist Metapher für Neubeginn und mythische Versöhnung sowie Erlösung der Welt vom Liebesfluch.

Vielleicht wird damit die Hoffnung angedeutet, daß es in dieser Welt doch mehr Liebe gibt, als Handlung des *Rings* und die Geschichte der Menschheit fürchten läßt. Am Ende der *Götterdämmerung* steht die Sehnsucht nach erlösender Liebe, macht sie zum letzten Hoffnungsträger. Die Liebe und die Liebe zur Mutter ist es, von der Wotan und die drei Nornen immer wieder ergriffen werden. Damit verbunden ist das

»Ewigweibliche«, wie es Goethe nennt, »das Weibliche im Menschen«, das Wagner kurz vor seinem Tode beschwört, oder Wotans verzweifelter Versuch in *Siegfried* dritter Aufzug, die Urmutter Erda zu halten: »Dich, Mutter, laß ich nicht ziehn.« Die Mütter, als ewige Bewahrerinnen des Seienden, zu denen es Faust hinabzieht, hat Wagner fraglos aus *Faust II* übernommen. Und in der Weise, wie Siegfried beim ersten Anblick Brünnhildes die Mutter anruft: »Wen ruf' ich zum Heil, / daß er mir helfe? / Mutter! Mutter! / Gedenke mein! –«, wendet sich Faust beim ersten Anblick Helenas ebenfalls an die Mütter: »Gewagt! Ihr Mütter! Mütter! müßt's gewähren!«

Das Zeitalter der liebenden Frau löst vielleicht das der gescheiterten Helden endlich wieder ab. Anders als die Männer, die verraten und morden, heißt es von Brünnhilde: »Kühn ist sie / und weise auch!« Weisheit, die Männer nie besessen haben, hat Brünnhilde erlangt durch »tiefstes Leiden«, das ihr die Augen aufschloß. Das Symbol der Weltherrschaft aber, den verfluchten Ring, gibt sie nun den »weisen Schwestern der Wassertiefe« und damit an den Ursprung zurück.

Am Ende der *Götterdämmerung* sind es nicht Brünnhilde oder die zuschauenden Gibichungen, die das letzte Wort haben; es ist das Orchester, das in einem Unisono der Violinen aus dem Gesang der Rheintöchter, aus Alberichs Fluch und Walhalls Glanz sich in einem letzten Triumph emporschwingt zum Motiv der Liebeserlösung, der Liebesallgewalt. Aber spätestens seit *Tristan* ist die Liebe bei Wagner verbunden mit dem Tod. Der Aufwärtsgang im vierten und der Septimen-Abwärtssprung im dritten bis vierten Takt entstammt der Todesverkündigungsszene aus der *Walküre*. Das Motiv erklingt zu Brünnhildes Ausruf an Siegmund: »Höre mein Wort!« Das Orchester hat die letzten »Worte« in diesem mythischen Weltendrama. Auf die Zusammenfassung des gewaltigen Tonkosmos, die

Brünnhilde ursprünglich singen sollte, konnte Wagner verzichten: »Nicht Gut, nicht Gold, / Noch göttliche Pracht; / Nicht Haus, nicht Hof, / Noch herrischer Prunk; / nicht trüber Verträge / trügender Bund, / nicht heuchelnder Sitte / Hartes Gesetz: / Selig in Lust und Leid / Läßt – die Liebe nur sein.«

Diese Zeilen schrieb nicht der Richard Wagner der Gründerjahre, sondern der Rebell von 1849, der bald erkannte, daß er kein »eigentlicher« Revolutionär war. Während die Dresdner Revolution tobt, schreibt er am 14. Mai 1849 in einem Brief an seine Frau Minna: »Die Dresdener Revolution hat mich belehrt, daß ich keineswegs ein eigentlicher Revolutionär bin, weil ein wirklich siegreicher Revolutionär gänzlich ohne alle Rücksichten verfahren muß« (und jetzt der unmittelbare Bezug auf die nicht vertonten Verse:) »– er darf nicht an Haus und Hof denken, – sein einziges Streben ist: – Vernichtung.«[8] Mit diesen Zeilen besteigt er wieder das von Eduard Devrient erwähnte Steckenpferd, die Vernichtung des Kapitals. Die »selige Liebe in Lust und Leid« ist aber die von Feuerbach verkündete Menschenliebe.

Unmittelbar vor seinem Tode schreibt Wagner in einem Aufsatz *Über das Weibliche im Menschlichen*: »Gleichwohl geht der Prozeß der Emanzipation des Weibes nur unter ekstatischen Zuckungen vor sich. Liebe – Tragik.«[9] Wenig später nimmt ihm der Tod die Feder aus der Hand. Er erleidet einen Herzanfall und stirbt in Cosimas Armen.

# DRITTER TEIL

# Relativitätstheorie im Mythos. *Parsifal*

## *Vorbemerkung*

In seiner intellektuellen Gestaltung als musiktheatralisches Kunstwerk trägt der Mythos die Grundzüge moderner kosmologischer Weltdeutung in sich. Das Grundmuster eines Weltschöpfungsaktes, die dialektische Weiterführung als Harmonie und Harmoniebrechung auf ein spiralig in sich geschlossenes oder ewig offenes Weltende hin, wie in der modernen Kosmologie, sind deutlich erkennbar. Diese Analogien erklären sich aus den genetisch fixierten menschlichen Grundhaltungen, die zu vorgegebenen Denkmustern führen und damit zu vorgegebenen Welterfahrungen und Projektionen einer Weltdeutung. Der Ursprung der Welt, Evolution und Verstrickung offenbaren sich der intellektuellen Anschauung und Verarbeitung durch Kunst und Wissenschaft in vergleichbarer Weise. Die Deutung der Welt als Ganze durch Kunst und Wissenschaft kann aber immer nur vorläufig sein. Das Erstaunliche liegt nicht in der beiden gemeinsamen Vorläufigkeit, sondern in der Vergleichbarkeit.

Das läßt sich auch für die Grundbedingungen einer Weltdeutung in ihren Relationen zu den Grundkategorien des Seins, zu Raum, Zeit und Kausalität, aufzeigen. Auch in diesem Sinne kann *Parsifal* als die Fortsetzung der mythisch-zyklischen Welt des *Ringes* angesehen werden. *Parsifal* ist die Fortführung von Wagners Urdeutung des kosmisch-mythischen Weltgeschehens, wenn er die Bedingungen von Raum, Zeit und Kausalität in seinem Bühnenweihfestspiel oder, wie er es an anderer Stelle nennt, in seinem »Weltabschiedswerk« hinterfragt. In ihrem Tagebuch spricht Cosima Wagner davon, daß Richard »auch erfreut (ist) durch einiges, wie z.B. daß Walhalls Burg zum Grals-Tempel wurde«.[1] Wagner selber beschreibt die verbindenden Aspekte zwischen *Ring* und *Parsifal* so: »Gerade wie sie zu einer früheren Zeit Titurel in einem gewissen Sinne als den Erben Wotans angesehen haben, erkennen sie jetzt die Ähnlichkeiten zwischen der Natur Wotans und der Kundrys. Jeder von ihnen lechzt nach Erlösung und stellt sich gleichzeitig gegen den Bringer der Erlösung – Kundry in der Szene mit Parsifal, Wotan in der mit Siegfried.«[2] Derart wurde Titurel für Wagner ein Wotan, der durch die Verneinung des Willens zur Macht, durch Überwindung der Welt, Erlösung gefunden hatte. Für ihn waren Wotan, Siegfried, Titurel und Kundry keineswegs Bühnenfiktionen, sondern »kosmische Einheiten, ineinander verwoben auf besonders geheimnisvolle Weise«.[3] Auf diese verwobenen Querverbindungen geht Cosima noch häufiger in den Tagebüchern ein, denn »eigentlich hätte Siegfried Parsifal werden sollen und Wotan erlösen, auf seinen Streifzügen auf den leidenden Wotan (für Amfortas) treffen – aber es fehlte der Vorbote, und so mußte das wohl so bleiben«.[4]

Daß Zeitvorstellungen im Gesamtkunstwerk plötzlich zu räumlichen Dimensionen werden können, sofern man alle Einzelheiten vollständig auswendig beherrscht, zeigt Alfred Lorenz in einer akribischen Analyse des *Ringes*: »Wenn man ein großes Werk mit allen seinen Einzelheiten vollständig auswendig beherrscht, so kommen manchmal Augenblicke vor, wo das Zeitbewußtsein plötzlich weg ist und das ganze Werk, ich möchte sagen, ›räumlich‹ alles in höchster Genauigkeit zusammen, im Bewußtsein gleichzeitig vorhanden ist. In solchen Augenblicken hat man das Werk erst wirklich erfaßt, und dann kennt man seine Form von innen heraus!«[5] Zeit und Raum gehen hier nahtlos ineinander über, die Zeit verwandelt sich sozusagen in den Raum.

## Raum und Zeit, das verfluchte Thema

»Du siehst mein Sohn, zum Raum wird hier die Zeit.« (Gurnemanz, erster Aufzug, *Parsifal*)

»Ich habe heute einen philosophischen Satz komponiert; ›hier wird der Raum zur Zeit‹«, bemerkt Richard Wagner Cosima gegenüber während der Arbeit am ersten Aufzug *Parsifal*, und nun habe er etwas vor sich, »wo die ›dramatischen Flausen‹ ihm nichts helfen«.[1] Was er vor sich hat, ist nichts Geringeres als das Raum-Zeit-Problem der Philosophie. Es sollte auch zum Problem der Physik werden. Cosima erinnert sich möglicherweise nicht mehr genau, oder Richard Wagner selbst, denn Gurnemanz sagt eindeutig, daß die Zeit zum Raum werde.

Gleichwohl enthält diese Aussage »einen der Schlüssel zu Richard Wagners Bühnenweihfestspiel«, denn es ist nicht der »Metaphysiker, sondern der Theatermann Richard Wagner, der in solcher Weise formuliert. Das zeitliche Geschehen, das in einem Wirklichkeit bedeutet und Überwirklichkeit, läßt sich auf der Schaubühne nur mit Hilfe der Kategorien des Raumes verstehbar machen.«[2] Vielleicht hätte der Literaturwissenschaftler Hans Mayer besser gesagt: mit Hilfe der Kategorien des Raumes sichtbar machen. Denn wirklich verstehbar wird alles Geschehen erst durch die Kategorien des Einsteinschen Raum-Zeit-Kontinuums und der daraus abgeleiteten raumzeitlichen Deutung der Welt. Die Überwirklichkeit aber, von der Mayer spricht, ist sicher keine Metaphysik – das ist sie auch bei Einstein nicht –, vielmehr bezeichnet sie jene Wirklichkeit, die über bzw. hinter der vordergründig sichtbaren physikalischen Alltagswelt liegt. Die Relativitätstheorie beschreibt eine physikalische Wirklichkeit, in der die Vorstellung vom absoluten Raum und von der absoluten Zeit als Größen *a priori*, wie noch bei Newton und Kant, aufgegeben werden muß zugunsten der Relativität beider.

Wie vorsichtig und sensibel Wagner mit dem Begriff Metaphysik umgeht, macht eine Stelle aus den Tagebüchern Cosimas vom 20. Oktober 1882 deutlich: »Auch hebt er es wiederum hervor, daß die Sprache das sei, was ihm immer auffalle, und daß der Vareger das Wort ›Metaphysik‹ gebraucht, ist ihm peinlich; es hinge – fügt er hinzu – mit der Mixtur der englischen Sprache zusammen, in welcher ›Metaphysik‹ ein Wort sei wie ein anderes.«[3]

In Wagners Fehlbeurteilung der englischen Sprache wird selbst Shakespeare mit einbezogen. So behauptet er schlicht, Shakespeare habe sich auch in der Schaffung einer »rein« angelsächsischen Sprache dem französischen Einfluß entgegengestellt. Er vergleicht ihn in diesem Zusammenhang sogar mit dem Einfluß Dantes auf die italienische Sprache. Hierzu bemerkte Newman, der die deutsche Sprache perfekt beherrschte, ironisch: »Die Vereinigung des Normannischen mit dem Sächsischen in ein organisch Ganzes, ins Englische, war etwas, das für ihn unbegreiflich bleiben mußte. Für ihn konnte nur eine reine Rasse – was immer das sein mag – eine reine Sprache haben.«[4]

Der Vareger ist eine Figur in Walter Scotts Roman *The Pirate*. Wagner wirft den Angelsachsen vor, eine »gemischte Sprache« zu sprechen und keine besondere Metaphysik hervorgebracht zu haben. Die wörtliche Bedeutung des Begriffs Metaphysik kommt aus der Anordnung der aristotelischen Schriften: τα μετα τα φυσιχα – »die Schriften hinter der Physik«. Das bedeutet eine Ontologie als Seinslehre, die allem Seienden vorhergeht und deren Feststellungen erst Aussagen ermöglichen. Was aber kann strenggenommen nur allem Seienden vorausgehen? Gibt es etwas, das vor dem Urknall ist, in dem ja die Physik beginnt? Eben nur die Metaphysik als Seinslehre Gottes. In Arthur Schopenhauers *Zur Metaphysik der Musik* fand Wagner seine Theorie zum Musikdrama bis in Einzelheiten wieder.

Isaac Newton war der erste, der die antike Metaphysik, die davon ausging, daß die physikalischen Gesetze des Himmels andere seien als die der Erde, direkt widerlegte. Er zeigte, daß »der Mond mit eben der Kraft von der Erde angezogen wird, wie sie einen vom Baum fallenden Apfel anzieht. Vermindert allerdings um das von ihm gefundene reziproke Quadrat seiner Entfernung vom Erdmittelpunkt. Er schloß daraus, daß dies kein bloßer Zufall sei, sondern Ausdruck der Tatsache, daß die physikalischen Gesetze eben nicht zwischen Himmel und Erde unterscheiden.«[5]

Im Lichte der Erkenntnisse der modernen Physik und mit Blick auf die kosmologischen Analogien bietet sich eine gemeinsame Betrachtung von Richard Wagners *Parsifal* und Albert Einsteins spezieller Relativitätstheorie an. Das musikalische Gesamtkunstwerk als Bühnenweihfestspiel ist eine ästhetische Imagination: die Gedankenkonstruktion einer »ausgezeichneten« Welt, der »Gralswelt«, und mithin die »Erfindung« eines ästhetischen Phänomens in »Raum« und »Zeit«. In der Einleitung seiner *Grundzüge der Relativitätstheorie* stellt Einstein fest, daß »dieses Erfinden zunächst kein Werk des logischen Denkens«[6] ist. In *Oper und Drama* kommt Richard Wagner zu dem Schluß, daß »Raum und Zeit gedachte Eigenschaften wirklicher sinnlicher Erscheinungen« sind. Der Hinweis auf ästhetische Erwägungen, die Einsteins Theorien und besonders den mathematischen Formeln seines Gedankengebäudes zugrunde liegen, findet sich an vielen Stellen seiner Veröffentlichungen. So schreibt Abraham Pais, langjähriger Freund, Mitarbeiter und Biograph, daß »Einstein zur speziellen Relativitätstheorie vor allem durch ästhetische Argumente geführt wurde, durch Argumente der Einfachheit«.[7] Hier geht es zunächst um die Ästhetik, der Verweis auf die Einfachheit wird später noch ausführlich aufgegriffen. Im Vorwort eines Bildbandes der Malerin Rosalie zum Bayreuther *Ring* 1994–1998 schreibt Wolfgang Wagner, das Theater sei »ein Raum der ästhetischen Fantasie und ein Raum für die ästhetische Fantasie«.

In noch größere Nähe zu dem hier betrachteten Zusammenhang führt ein Gedanke aus dem Vorwort einer Einstein-Biographie von seinem Schwiegersohn Rudolph Kayser: »Was vielleicht übersehen worden ist, ist das Irrationale, das Inkonsistente, der Spaß und sogar das Verrückte, das die unerschöpfliche Natur, scheinbar zu ihrem Amüsement, dem Individuum mitgibt. Aber diese Dinge werden nur im Schmelztiegel des eigenen Geistes getrennt.«[8] Ersetzt man »unerschöpfliche Natur« durch »unerschöpfliche Kunst«, könnte dieser Satz Albert Einsteins genau so von Richard Wagner stammen. Es gibt eine Tagebucheintragung von Cosima Wagner, in der es heißt: »Richard arbeitet; cr meint abends, der *Parsifal* sei ein reiner Unsinn inmitten der Interessen unserer *Tage*!«[9] Um die Bedeutung des Umfeldes, in dem dieser Ausspruch fällt, möglicherweise zeitlich noch zu steigern, zitiert Glasenapp diese Bemerkung Wagners leicht verändert: »Der *Parsifal* ist ein reiner Unsinn inmitten der Interessen unserer *Zeit*.«[10] Unsinn ist als Zwecklosigkeit, als freies Spiel der reinen Phantasie gemeint.

Die Parallelen zwischen der Freude an einer naturwissenschaftlichen Entdeckung und der an einer künstlerischen Neuschöpfung werden an den wenigen Stellen deutlich, an denen sich Richard Wagner zu einer naturwissenschaftlichen Erkenntnis seines Jahrhunderts äußert. Da ist zunächst Charles Darwin, der ihm offenbar auch während der Arbeit an der Partitur zu *Parsifal* beim Komponieren »geholfen« hat. Wegen einer Modulationsschwierigkeit wollte er die Arbeit für den Tag aufgeben und nahm seinen Darwin zur Hand. Während der Arbeit erzählt er Cosima: »Ich war darauf, alles heute aufzugeben, nahm meinen Darwin, warf ihn aber plötzlich weg, denn während dem Lesen hatte sich alles gefunden.«[11] Bedauerlicherweise läßt er uns im unklaren darüber, was alles sich gefunden hat. Darwins *Der Ursprung der Arten und die Abstammung des Menschen* erwähnt Cosima Wagner im englischen Original, obwohl Wagners Kenntnisse der englischen Sprache eher dürftig waren, im Gegensatz zur französischen, die er nahezu fließend sprach. In der Bibliothek von »Wahnfried« findet sich keine englische Ausgabe, aber eine französische Übersetzung von Darwins Hauptwerk in der 3. Auflage von 1862, erschienen bei Guillaumin.[12]

Cosima erwähnt eine üble Nacht Richard Wagners mit Unterleibsbeschwerden, »er liest im Darwin (Descent of Man), fühlt sich kalt«.[13] Sie beginnen abends Darwins *Ursprung der*

*Arten*, und Wagner bemerkt, »wie es hier gegangen ist, wie zwischen Kant und Laplace, zwischen Schopenhauer und Darwin, die *Idee* hat Schopenhauer gehabt, Darwin führt dieselbe aus, vielleicht ohne Schopenhauer zu kennen«.[14] Wagner bezieht sich dabei vermutlich auf Schopenhauers »am Tage liegende Wahrheit, daß wir, dem Wesentlichen nach und in der Hauptsache, das Selbe sind wie die Thiere«. Schopenhauers Bemerkung stammt von 1818, Darwins *The Origin of Species* erschien 1859. Neben dem Hinweis auf Darwin finden sich nur noch zwei weitere Belege für eine eingehende Beschäftigung Wagners mit den naturwissenschaftlichen Erkenntnissen des 19. Jahrhunderts. Aber auch hier zeigt sich seine Fähigkeit, fundamentale Weltzusammenhänge zu sehen. Darwins Evolutionstheorie erwies sich als die wichtigste biologische Entdeckung des 19. Jahrhunderts, Julius Robert Mayers Energieerhaltungsgesetz als die wichtigste physikalische. Cosima vermerkt unter dem 30. November 1879, daß beim Kaffee »die Sprache auf die Anwendung eines von R. Mayer entdeckten Gesetzes« kommt, und da H. von Stein die Ansicht ausspricht, daß »die Anwendung etwas ganz Nebensächliches, Unbedeutendes sei, die Freude an der Entdeckung des Gesetzes eine ganz unabhängige von dem sei«, erwidert Richard Wagner, »das zeigt, wie Sie noch im Spiel des Willens befangen sind, übrigens ist diese Freude ungefähr die, welche man an der Kunst hat«.[15] Das von dem deutschen Arzt und Naturforscher Julius Robert Mayer (1814–1878) entdeckte neue »Gesetz«, auf das Cosima Wagner nicht näher eingeht, ist das Gesetz von der Erhaltung der Energie, der sogenannte erste Hauptsatz der Thermodynamik. Er besagt, daß grundsätzlich alle Energieformen ineinander umwandelbar sind. Seine Entdeckung, im Jahre 1845 erstmals vollständig formuliert, erwies sich im nachhinein als eines der bedeutendsten Ereignisse in der Geschichte der Physik. Bei dem von Cosima erwähnten H. von Stein handelt es sich um Heinrich Freiherr von Stein, der als Erzieher des jungen Siegfried Hausgenosse und Freund Wagners war.

Wagners hypothetisch formulierte Beziehung zwischen Darwin und Schopenhauer führt, in unmittelbarer Verbindung mit Schopenhauers biologischen Grundgedanken, zu einem Vergleich von Tod und Unsterblichkeit in *Tristan und Isolde*. Nicht nur der Künstler, auch der Mensch als biologisches Wesen nähert sich dem Ideal der Unsterblichkeit durch eine quasi enharmonische Verwechslung, eine Identität von Leben und Tod. Darwins endlose Abfolge der Individuen als Gattung macht in der gesamten Evolution einer Art die sichere Unterscheidung von Leben und Tod nicht mehr möglich. Wenn ein Lebewesen sich fortpflanzt, lebt ein Teil seiner Gene in den Nachkommen weiter und wird damit gleichsam unsterblich. Tristans Phrase: »Da er mich zeugt und starb, / sie sterbend mich gebahr«, aus dem dritten Aufzug ist Ausdruck dieser Ahnung, verkettet sie doch wehmütig Zeugung, Tod und Geburt. Wenn aber Leben und Tod durch ein genetisches Prinzip verbunden werden, dann ist die Geburt kein eigentlicher Anfang und der Tod kein endgültiges Ende, gleichviel, ob einer stirbt oder weiterlebt. »Was die Geburt ist, das ist, dem Wesen und der Bedeutung nach, auch der Tod; es ist die selbe Linie in zwei Richtungen beschrieben«[16], lautet Schopenhauers Umschreibung von Wagners Phrase, und seine Vorwegnahme von Darwins Lehre faßt er dahingehend zusammen, daß »nicht das Individuum, sondern die Gattung allein es ist, woran der Natur gelegen ist, und auf deren Erhaltung sie mit allem Ernst dringt, indem sie für dieselbe so verschwenderisch sorgt, durch die ungeheure Überzahl der Keime und die große Macht des Befruchtungstriebes«.[17] Wagner erfaßt intuitiv die Parallelen im Werk von Schopenhauer und Darwin, ihre identische Beurteilung lebendiger Phänomene in der Beziehung zu Leben, Tod und Unsterblichkeit der Gattung, wie sie sich in *Die Welt als Wille und Vorstellung* und *Der Ursprung der Arten* gleichermaßen darstellt. Wie wichtig ihm diese Verbindung von Schopenhauer und Darwin war, wird deutlich, wenn er sich zur späteren Lektüre seines neunjährigen Sohnes äußert: »Lektüre für Fidi später: *Philosophie*: Schopenhauer. *Kunst*: R. Wagner. *Naturgeschichte*: Darwin.«[18] So schlägt der Vater über seine Kunstauffassungen eine anschauliche Brücke von der Philosophie zur Naturgeschichte. Er verbindet im Kunstwerk intuitiv die Geisteswissenschaft mit der Naturwissenschaft. Ein »therapeutischer« Gedanke, da er überzeugt ist, »daß das jetzige Studium der Natur-Wissenschaften die Menschen vollständig herzlos mache«.[19] Daneben wissen wir von Wagners außerordentlicher Tierliebe und seiner bedingungslosen Einstellung gegen die Vivisektion. In diesem Zusammenhang mußte ihm Darwins Lehre von der jetzt nachweisbaren Verwandtschaft aller Tiere zum Menschen als Bestätigung erscheinen. Denn der Darwinschen Lehre zufolge sind die Tiere nur unentwickelte Brüder des Menschengeschlechts. Kundry fragt im ersten Aufzug: »Sind die Tiere hier nicht heilig?« Aber auch Schopenhauers Idee des »Mitleids als die einzige wahre Grundlage aller Sittlichkeit«[20] ist niedergelegt in einem Pamphlet mit dem Titel *Offenes Schreiben an Herrn Ernst von Weber, Verfasser der Schrift: »Die Folterkammern der Wissenschaft«*. In diesen »Folterkammern der Wissenschaft« wurden später die Grundlagen gelegt für außerordentlich wirksame Medikamente gegen Angina pectoris, an der Wagner am Ende seines Lebens qualvoll litt. Erschütternd zu lesen, wenn er seine Herzschmerzen den Krebs nennt, »auf der Brust«[21], der ihn immer wieder anfasse. Daß er den Winter in den letzten Lebensjahren gern in Italien verbrachte, in milderem Klima also, mag auch mit seinen Herzbeschwerden bei

kalten Winden zu tun gehabt haben, was medizinisch als Kälte-
angina bezeichnet wird. Cosima beschreibt es sehr deutlich,
wenn sie noch im April sagt: »Ein scharfer Nordwind verhin-
dert auch heute den Ausgang. Wir gehen nicht aus des Nord-
winds wegen.«[22]

Der Hinweis auf die Beziehung zwischen Immanuel Kant
und dem französischen Mathematiker Piere Simon de la Place
bezieht sich auf die »Kant-La Placesche«-Theorie von Ursprung und Evolution des Sonnensystems, die er in einem
Atemzug mit der Evolutionstheorie von Charles Darwin nennt.
Bemerkenswert ist Wagners Hochachtung vor Schopenhauer,
den er an die Seite der großen Naturwissenschaftler stellt.
Heinrich von Stein spricht in einem Brief an Paul Simon davon:
»Verstehen Sie doch die Gebärde: es ist das einzige Mal, daß ich
gesehen habe, wie er sich vor einem beugte.«[23] Wagner verbindet beide entscheidenden naturwissenschaftlichen Entdeckungen seines Jahrhunderts – den Energieerhaltungssatz und die
Evolutionstheorie – mit Schopenhauer, dessen Hauptwerk die
weitere Entwicklung vom *Ring* über *Tristan* bis zum *Parsifal*
beeinflussen sollte.

In seiner Deutung der »Welt als Vorstellung« nimmt Schopenhauer die moderne, physikalische Beschreibung der Welt
vorweg, wie sie sich bei Einstein findet: »Die Relativitätstheorie ist aufs engste verbunden mit der Theorie von Raum und
Zeit.«[24] Die »Theorie von Raum und Zeit« ist aber eine Umschreibung der Welt als Vorstellung. Präziser wird der theoretische Physiker Hubert Goenner 1996 in seiner *Einführung in die
spezielle und allgemeine Relativitätstheorie*, worin er schreibt,
daß die spezielle Relativitätstheorie aus dem üblichen Fächer-
schema der Physik insofern herausfällt, »als sie sich mit der
Beschreibung physikalischer Systeme in Raum und Zeit be-
faßt, nicht direkt mit den konkreten physikalischen Systemen

selbst«.[25] Also mit der Vorstellung von physikalischen Systemen, mit der Vorstellung von Welt, von dem Ort, den sie in Raum und Zeit einnehmen. Hier unterscheidet sich die moderne Relativitätstheorie so wenig von den philosophischen Vorstellungen Schopenhauers wie von den künstlerischen Deutungen der Welt bei Richard Wagner. In einem Brief an Mathilde Wesendonk (Paris, Anfang August 1860) umschreibt Wagner die Vorstellungen von Welt, die selber keine Realitäten sind: Zeit und Raum seien »nur unsre Anschauungsweisen«, sie haben »keine Realität«.[26]

Der musikalische Kosmos ist die Vorstellung einer Welt, die über die Musik in unserem »Gehirn«, in unserer Phantasie, unserer Vorstellungskraft, erzeugt wird. Die physikalische Wirklichkeit, die sich dahinter verbirgt, ist eine Verdichtung und Verdünnung des Luftmediums: ein Schallwellenphänomen. Was wir physikalisch erfassen, ist kein Ton, sondern eine von Sekundärschwingungen überlagerte Sinusschwingung der Luft. Ähnlich existiert die Welt, wie wir sie in ihren Farben und Formen sehen, nur in unserer vorstellenden Verarbeitung im Gehirn. Physikalisch handelt es sich dabei um das elektromagnetische Wellenphänomen einer Sinusschwingung. Bevor wir diese Aufschlüsselung physikalischer Wahrnehmungen in Vorstellungen unseres Gehirns kannten, ahnten wir nur, daß es unterschiedliche Wirklichkeiten geben muß. Jetzt können wir es erstmals beweisen. Die Welt ist eben nicht ärmer geworden, sondern dank unserer naturwissenschaftlichen Erkenntnisse reicher und tiefer. Wenn Goethe die Unterscheidung zwischen physikalischen und neurophysiologischen Prozessen schon gekannt hätte, wäre sein Streit um die Farbenlehre Newtons überflüssig gewesen. Die unterschiedlichen Deutungen der Auffassungen hätten sich zwanglos aus den physikalischen und den psychologischen Unterteilungen der Welt als Vorstellung ergeben.

In diesem Sinne ist die vorliegende Interpretation eine Deutung des nicht konkreten, imaginären Zusammenhangs von Raum und Zeit als Vorstellung von Welt im Bühnenweihfestspiel *Parsifal*. Es sei darauf hingewiesen, daß ein solcher Vergleich im strengen Sinne nur für die »Gralswelt« Gültigkeit beanspruchen kann, wie auch Wagner sich während der Zeit der *Parsifal*-Komposition in einer imaginären Gralswelt aufhält. Ein Eindruck, den Ernest Newman in einem Kapitel seiner Wagner-Biographie mit der Überschrift »Arbeit am *Parsifal*« so wiedergibt: »Er war während dieser ganzen Zeit eingeschlossen in eine merkwürdige innere Welt seiner selbst, einer Welt, in der die einzigen wirklichen Realitäten für ihn seine Opercharaktere waren, ihre Psychologie, ihre Umwelt.«[27]

Die Überwindung der Wollust in der Welt, von Schopenhauer als Verneinung des Willens gedeutet, übertrug Wagner auf Parsifal. Die bewußte »Verneinung des Willens«, wenn Parsifals sich den Blumenmädchen verweigert, beschreibt Glasenapp: »... auf die anmutigsten Verführungskünste der Mädchen, die ja nun nicht mehr als Teufelinnen, sondern als zarte Blumenwesen gedacht sind, ist der erhabenste Gegensatz zwischen Wille und Verneinung des Willens gefolgt.«[28] Aber auch der zweite Aspekt – die Welt als Vorstellung, als künstlerische Imagination – sollte schon im *Ring*, endgültig aber im *Parsifal* konkrete künstlerische Ausformung erhalten – wie Wagner ja auch, beginnend mit *Tristan und Isolde* über den *Ring* bis zu *Parsifal*, Ort und Zeit auf der Bühne nicht durch ein »Illusionstheater«, sondern durch ein »Imaginationstheater« dargestellt sehen wollte. Das Kunstwerk wird in der Verschränkung und gegenseitigen Abhängigkeit von Raum und Zeit zur »nahen Ferne«; es wird zum auratischen Erlebnis des Festspielbesuchers. In der »auratischen« Begegnung von Helena und Faust läßt Goethe Faust in seiner Zeit, versetzt ihn aber im Raum:

nach Griechenland. Helena dagegen beläßt er in ihrem Raum, in Griechenland, versetzt sie aber in der Zeit: ins Hohe Mittelalter. Helena zu Faust: »Ich fühle mich so fern und doch so nah.« In der vierten *Unzeitgemäßen Betrachtung* spricht Nietzsche davon, daß Menschen im Augenblick einer außerordentlichen Gefahr »mit seltenster Schärfe das Nächste wie das Fernste wieder erkennen«[29] – ein Gedanke, den Walter Benjamin in *Das Kunstwerk im Zeitalter seiner technischen Reproduzierbarkeit* mit der Definition des Auratischen weiterentwickelt und den Sven Friedrich für Wagners Werk und seine Rezeptionsgeschichte ausführlich nachgewiesen hat.[30]

Die endlosen Auseinandersetzungen über nichtautorisierte Theateraufführungen seiner Bühnenwerke, die Wagner mit Ludwig II. hatte, führten zu der ebenso strikten wie vergeblichen Ablehnung Wagners, die von Ludwig befohlenen Uraufführungen von *Rheingold* und *Walküre* in München stattfinden zu lassen. Der König wünschte ein naiv historisierendes Illusionstheater; Wagner hingegen schwebte ein vom historischen Kontext losgelöstes Theater der Imagination vor, ein mythisches Welttheater. In seinem Aufsatz *Über Schauspieler und Sänger* sagt er im Hinblick auf *Faust II*, daß »eine fundamentale Umwandlung der Bühne notwendig sei, welche an die Stelle illusionistischer Ausführungen zeichenhafte Andeutungen der Schauplätze zu setzen habe«.[31] Diese Einsicht verdankte er nicht allein dem *Faust*, sondern auch dem dramatischen Genie Shakespeares. In dessen dramatischem Werk, das ihn seit frühester Jugend anzog und anregte, fand er die ganze Welt als theatralischen Kosmos. Sie enthielt, wie Egon Friedell es in seiner *Kulturgeschichte der Neuzeit* umschrieben hat, »alles, was es gibt, und daneben noch so ziemlich alles, was es nicht gibt«. Auch in den Stücken Shakespeares verschränken sich Zeit und Raum, kommt es zu Augenblicksüberwindungen großer räumlicher Distanzen. In *Heinrich VI.* beispielsweise befinden wir uns in der zweiten Szene des zweiten Aktes in Orleans und in der nächsten Szene unvermittelt in der Auvergne.

Die Auflösung von Zeit- und Ortsbeziehungen, die sich im *Ring* noch als mythisches Geschehen darstellt, verschmilzt in *Parsifal* zu einem konkreten Weltgeschehen mit Ausweitungen und Ausschreitungen in imaginäre Zeiten und Räume. Konkret bezeichnete der Spielraum »das gotische Spanien« für Wagner den Grenzbereich in der Berührung des Nordisch-Gotischen mit den Arabern, insofern, als »der gotische Stil in den nordischen, gotischen Reichen durch Berührung mit den Arabern entstanden sei, von da nach Frankreich, schließlich nach Deutschland sich verbreitet hätte«.[32] In der Zusammenführung der Zeiten ins Zeitlose hinein hat *Parsifal* unübersehbare Parallelen mit dem zweiten Teil der *Faust*-Tragödie. Es ist die Begegnung der antiken mit der mittelalterlichen Welt, Helenas mit Faust und Kundrys mit Parsifal.

Wagner stößt im künstlerischen Diskurs – wie Schopenhauer im philosophischen und Einstein im physikalischen – über die Betrachtung und Erklärung der Weltzusammenhänge im imaginierten Bühnengeschehen auf die fundamentale Erkenntnis, daß Raum und Zeit als imaginäre Größen in einer vertauschbaren Relativität voneinander bestehen. Nur so wird die eingangs zitierte Bemerkung von Gurnemanz im ersten Aufzug *Parsifal*: »Du siehst, mein Sohn, / zum Raum wird hier die Zeit«, überhaupt erst sinnfällig. Sie ist in diesem Zusammenhang der Ausdruck einer künstlerisch-intellektuellen Reflexion über das tiefere Phänomen von Raum und Zeit. Eine erste Andeutung findet sich schon in dem erwähnten Brief an Mathilde Wesendonk von Anfang August 1860: »So wäre alle furchtbare Tragik des Lebens nur in dem Auseinanderliegen in Raum und Zeit zu finden.«[33] Die Beziehung von Zeit und Raum, ja, die Verwandlung von Zeit in Raum wird in der Relativitätstheorie durch einen mathematischen Kunstgriff erreicht. Für Wagner kann diese »Mathematik« nur die Musik sein, in der sich ebenfalls Zeit und Raum ineinander auflösen und verwandeln.

Die Mathematik ist eine symbolische Sprache, sie stellt den formalen Apparat dar und hat seit den Pythagoreern vieles mit dem symbolischen Apparat der Musik gemein. Wagner nähert sich, wie Cosima in ihrem Tagebuch notiert, diesem Grundgedanken auf ähnliche Weise: »Gestern kam Richard auf das Symbolische in seinen Werken, es sei der Geist der Musik. Aber es ist zu Ende mit der Musik, ruft er schmerzlich aus und ich weiß nicht, ob meine dramatischen Explosionen das Ende aufhalten können. Es hat so kurz gedauert. Aber diese Dinge haben mit Zeit und Raum nichts zu schaffen.«[34] Nur die vordergründigen historischen Abläufe haben mit Zeit und Raum nichts zu schaffen. Das Zeit-Raum-Motiv hat auch in Cosimas Gedanken Platz, denn einen Tag später fährt sie fort: »Wenn wir keine Zeit und Raum annehmen, gibt es auch keinen Verfall.« Da die Welt und alles in ihr mit Zeit und Raum gleichzeitig entstanden ist, kann es ohne Zeit und Raum keine Welt geben. Und ohne Welt kann es keinen Verfall geben. Das Zeit-Raum-Motiv wird zur Obsession, wenn Richard Wagner ausruft, »das Schlimme ist, daß alle Erscheinungen in Zeit und Raum sich uns kundgeben und dadurch dem Wandel unterworfen sind«, und an Cosima gewandt fortfährt: »Es ist ein verfluchtes Thema, welches du da aufgebracht hast.«[35] Schopenhauer ist fest davon überzeugt, daß es Raum und Zeit auch ohne die Welt und die Gegenstände in ihr geben könne. Raum und Zeit sind für ihn, wie für seinen Lehrer Kant, a priori gegeben. In der Vorrede zu *Über den Willen in der Natur* versucht er das philosophisch, nicht etwa naturwissenschaftlich, zu beweisen.

Das Bühnenweihfestspiel wäre somit der Versuch der Aufhebung des Fluches einer »furchtbaren Tragik des Lebens im Auseinanderliegen von Raum und Zeit« durch das Mitleid und eben auch einer Aufhebung der Trennung durch Raum und Zeit oder von Raum und Zeit. Die furchtbare Tragik des Lebens ergibt sich durch den physikalischen Zwang, daß wir uns in den drei Raumdimensionen frei bewegen können, aber vom Strom der Zeit unaufhaltsam mitgenommen werden, ohne uns wehren zu können.

Es ist signifikant, daß der Physiker und Philosoph Carl Friedrich von Weizsäcker in *Aufbau der Physik* dem Kapitel über die »Spezielle Relativitätstheorie« unter der Rubrik »Raum und Zeit« Gurnemanz' Bemerkung, »du siehst mein Sohn, zum Raum wird hier die Zeit«, als Motto voranstellt. Bei Martin Gregor-Dellin fragt er an, »ob hier wohl ein Einfluß Schopenhauers auf Wagner vorliege«.[36] Am 26. Mai 1984 antwortete ihm Gregor-Dellin: »Richard Wagner hat mit Cosima viel über das Problem Zeit und Raum gesprochen, daß es, Wagners Vermutung nach, einen Zusammenhang geben müßte«, und fährt fort, »wenn Wagner ganz in der Werkidee lebt, dann trifft er auch philosophisch das Richtige«.[37] Zu ergänzen ist hier, daß er dann auch das naturwissenschaftlich »Richtige« trifft.

Sowohl von Weizsäcker als auch Gregor-Dellin übersehen die für diese Stelle so wichtige Aufhebung der Unterscheidung von Raum und Zeit, die der Mathematiker Hermann Minkowski, der frühere Lehrer Einsteins an der eidgenössisch-technischen Hochschule in Zürich, im Jahre 1908 auf der Naturforscherversammlung in Köln vollzog, indem er die Zeit als imaginäre Größe, als nicht »wirkliche« Zeit, in die Spezielle Relativitätstheorie einführt. Er erklärte, »von Stund an sollen Raum für sich und Zeit für sich völlig zu Schatten herabsinken, und nur noch eine Art Union der beiden soll Selbständigkeit bewahren«.[38] Raum und Zeit gehen eine Union ein zur Welt, Raumstrecken und Zeitdauern sind nichts voneinander Unabhängiges mehr. Die materielle Welt ist keine dreidimensionale räumliche Wirklichkeit, die sich in der Zeit verändert, sondern sie läßt sich zusammenfassen als eine vierdimensionale Mannigfaltigkeit, in der nichts geschieht, sondern die schlechthin ist. Der Musikwissenschaftler Stefan Kunze spricht davon, daß »im musikalischen Theater die Kluft zwischen wirklicher und musikalischer Zeit zu den verschiedensten Lösungen geführt hat, um die beiden Zeitenwelten einander anzupassen und aufeinander zu beziehen. Auch das Wagnersche Musikdrama ist eine der großen, gültigen Möglichkeiten solcher Anpassung. Zeitliches und Räumliches fließen eigentümlich ineinander.«[39] Da capo für Richard Wagners Brief an Mathilde Wesendonk: »So wäre alle furchtbare Tragik des Lebens nur in dem Auseinanderliegen in Raum und Zeit zu finden.«

Vor der Relativitätstheorie wurde das konkrete historische Ereignis einem bestimmten Ort und, unabhängig davon, einer bestimmten Zeit zugeordnet. Alles tatsächlich Feststellbare sind aber raumzeitliche Koinzidenzen. Raum und Zeit sind als Erlebnisinhalte von ganz verschiedener Qualität, als Objekte physikalischer Messungen aber können sie nicht scharf geschieden werden; sie verschmelzen zu einer höheren Einheit, dem vierdimensionalen Raum-Zeit-Kontinuum, das physikalisch als Welt angesehen werden kann. Für Minkowski stellt ein Ereignis einen »Weltpunkt« dar, d. h. es ist ein Geschehen an einem bestimmten Ort zu einer bestimmten Zeit, eine raumzeitliche Koinzidenz. Die Weltpunkte sind durch die Begegnung von Weltlinien in der Raum-Zeit-Mannigfaltigkeit markiert. Physik ist die Lehre von den Beziehungen solcher markierter Weltpunkte. Die Bildkurve eines bewegten Punktes nannte Minkowski »Weltlinie«. Sie bewegt sich in einem Kontinuum, das die früher unabhängig voneinander existierenden Größen Raum und Zeit miteinander verbindet. Die geradlinig gleichförmige Bewegung entspricht einer geraden Weltlinie, die beschleunigte Bewegung einer gekrümmten. Der weltabgeschiedene »Gralsraum« hat eine andere Bewegung als der »Geschichtsraum« des *Rings*, in dem wir dem geodätisch gekrümmten Lichtstrahl begegnet sind. Unter bestimmten Voraussetzungen kann die Zeit sogar in den Raum übergehen. Entfernungen werden dann in der speziellen Relativitätstheorie als »zeitartig« oder »raumartig« beschrieben.

Einstein zufolge hat die Summe der räumlichen und zeitlichen Bewegung der Körper immer den Wert der Lichtgeschwindigkeit. Das klingt widersprüchlich und bedarf der Erklärung. Da die Körper in unserer Welt sich mit räumlichen Geschwindigkeiten bewegen, die wesentlich langsamer sind als die Lichtgeschwindigkeit, sind die Raum- und Zeitveränderungen in Abhängigkeit von der Geschwindigkeit, wie Einstein sie beschreibt, erst so spät entdeckt worden. In unserer Welt ist es die kombinierte Geschwindigkeit eines Körpers durch die Raum- und die Zeitdimension. Diese kombinierte Geschwindigkeit entspricht der Lichtgeschwindigkeit. Sie wird gewissermaßen aufgeteilt in die Raum- und die Zeitdimension. Wenn ein Körper relativ zu uns ruht, sich also nicht durch den Raum bewegt, bewegt er sich nur noch durch die Zeit, d. h. alle Körper, die relativ zu uns ruhen, bewegen sich schneller durch die Zeit, sie altern schneller. Wenn sich folglich ein Körper durch den Raum bewegt, wird ein Teil seiner Zeitbewegung in die Raumbewegung umgelenkt, er altert weniger. Und eben das kann die Relativitätstheorie zeigen: Zeitliche Abläufe verlangsamen sich mit zunehmender Geschwindigkeit, Zeitintervalle werden langsamer im Vergleich zu einem ruhenden Beobachter. In unserer vierdimensionalen Raum-Zeit-Welt führen wir in der Regel kombinierte Bewegungen aus, wir bewegen uns durch drei Raumdimensionen und eine Zeitdimension. Alle Beobachter, die relativ zu uns ruhen, bewegen sich mehr in der Zeitdimension, sie altern relativ zu uns. Daher kann es absolute Ruhe nicht geben, weil absolute Ruhe nur noch Bewegung in der Zeitdimension ist, d. h. »Ewigkeit«. Für die Bezeichnung Gottes als des »absolut ruhenden Bewegers« (movens non motu) trifft die absolute Ruhe aber zu, und daher auch seine Existenz in Ewigkeit. Allerdings wird der Effekt des unterschiedlichen Alterns nur wesentlich und meßbar bei Geschwindigkeiten, die sich der Lichtgeschwindigkeit nähern. Ich verweise hier nur auf das sogenannte »Zwillingsparadoxon«, welches, wie der Leser jetzt erkennen kann, gar kein Paradoxon ist. Für einen mit annähernd Lichtgeschwindigkeit sich von der Erde entfernenden Zwilling vergeht die Zeit merklich langsamer als für den auf der Erde zurückgebliebenen. Bei der Rückkehr des »Raumfahrer«-Zwillings würden beide feststellen, daß der zurückgebliebene Zwilling deutlich älter ist. Diese Tatsache stellt aber keinen Widerspruch dar, sondern ist eine ganz natürliche Konsequenz der Gesetzmäßigkeiten der Relativitätstheorie. Bewiesen wurde dieser Effekt an Elementarteilchen, die man Muonen nennt. Die Muonen entstehen aus der kosmischen Höhenstrahlung in 10 bis 20 km Höhe. Bei einer Lebensdauer von etwa einer Millionstel Sekunde würden sie selbst bei Bewegung mit Lichtgeschwindigkeit, nach der klassischen Mechanik, nur etwa 660 m weit fliegen und nie die Erdoberfläche erreichen. Der speziellen Relativitätstheorie zufolge ist aber die Lebensdauer eines bewegten Teilchens, gemessen in einem ruhenden System, verlängert, man bezeichnet das als Zeitdehnung. Die Existenz von Muonen in Meereshöhe ist ein direkter Beweis der relativistischen Zeitverlangsamung.

Aus der Kombination der Bewegung durch Zeit und Raum folgt: Die maximale Geschwindindigkeit durch den Raum ergibt sich, wenn die gesamte Bewegung durch die Zeit auf die Bewegung durch den Raum »umgelenkt« wird. Dies geschieht, wenn die gesamte vorherige Lichtgeschwindigkeitsbewegung durch die Zeit umgelenkt worden ist in eine Lichtgeschwindigkeitsbewegung durch den Raum. Weil aber die gesamte Bewegung durch die Zeit aufgebraucht ist, bedeutet dies, daß sich kein Körper schneller als mit Lichtgeschwindigkeit durch den Raum bewegen kann. Daher kann das Photon, das Lichtteilchen, nicht altern. Es verbraucht seine gesamte Geschwindigkeit für eine Reise durch den Raum, es bleibt daher keine mehr für eine Bewegung durch die Zeit. Ein Photon, das zur »Zeit« des Urknalls entstand, hat heute dasselbe Alter wie vor 15 Milliarden Jahren. In der Bewegung mit Lichtgeschwindigkeit vergeht keine Zeit. In einer Annäherung an die Lichtgeschwindigkeit, wie bei den Elementarteilchen, vergeht sie merklich langsamer.

Es wird erneut deutlich, daß Raum und Zeit keine absoluten Größen sein können, sondern Ordnung der Dinge sind. Unter Ordnung der Dinge verstand Gottfried Wilhelm Leibniz, daß wir uns Raum und Zeit als Vorstellung erschaffen – eine frühe Vorwegnahme der Schopenhauerschen Gedanken –, um die auf uns einfallenden Sinneseindrücke »sinnvoll« zu ordnen. Einstein bestätigte Leibniz in der Auffassung, daß Raum und Zeit Begriffe sind, in denen wir denken, nicht aber Bedingungen, unter denen wir leben. »Die Zeit dünkte mich nichtig, und das wahre Sein lag mir außer ihrer Gesetzmäßigkeit«[40], heißt es in Wagners *Epilogischem Bericht über die Umstände und Schicksale des Bühnenfestspieles ›Der Ring des Nibelungen‹*.

Das Ordnungssystem der Musik mit seinen mathematischen Grundlagen war schon der pythagoreischen Schule aufgefallen. Es erschafft eine Vorstellungswelt, die mit unserem dafür empfänglichen Sinnesapparat nicht weniger real ist als die physikalische Wirklichkeit, die ja auch stets nur eine sinnliche Auswahl darstellt. Wagner sah seit seinen ersten Begegnungen mit den politischen Verhältnissen vor und nach 1848 im Kunstwerk – später wird er es »Gesamtkunstwerk« nennen – die einzige Möglichkeit einer die Menschheit aus dem politischen Dilemma von Macht, Gewalt und Lieblosigkeit herausführenden Erfahrung. Er erhoffte vom »Gesamtkunstwerk«, ganz im Sinne der attischen Tragödie, ein kollektives emotionales Erlebnis. Außer Hölderlin und Nietzsche finden wir in ganz Europa keinen Künstler, der so fest wie Wagner die Überzeugung vertrat, daß man zur Rettung der Gesellschaft und der Kunst zu den gesellschaftlichen und künstlerischen Idealen der Griechen zurückkehren müsse. Was für Wagner Politik, Religion oder Kunst allein nicht zu leisten vermochten, erwartete er vom »Gesamtkunstwerk«: die höhere kulturelle Vereinigung und Verbrüderung der gesamten Menschheit, jenseits der räumlichen und zeitlichen Gebundenheit der historisch-politischen Tagesereignisse. Die Aufhebung »der furchtbaren Tragik des Auseinanderliegens der Dinge in Zeit und Raum«, wie es immer wieder auch in den Tagebüchern variiert wird, erschien ihm als Lösung dieses Problems durch die Kunst.

Friedrich Nietzsche sah im Kunstwerk der attischen Tragödie die Vereinigung des Apollinischen mit dem Dionysischen, der »ästhetischen Notwendigkeit der Schönheit« mit dem dionysischen Rausch, den die Musik erzeugt. Verständlich daher, daß er in Wagners Rückgriff auf die attische Tragödie die Verbindung des Apollinischen mit dem Dionysischen empfand. Für Wagner bestand das Gesamtkunstwerk außerdem noch in der völkerverbindenden Wirkung von griechischer Polis mit der Kunst im »geweihten Fest«. Etwas Ähnliches hatte er mit den

*Meistersingern* ja schon einmal für die mittelalterliche Welt Nürnbergs versucht.

Seine Absicht war die Erneuerung der abgewirtschafteten modernen Gesellschaft durch die imaginäre Erfahrung zusammenschauender, großer musikalischer Kunstwerke im mythischen Fest, im Bühnenweihfestspiel. Was der *Ring* in dieser Hinsicht schon geleistet hatte, sollte, unter Einbeziehung der christlichen Eschatologie, der *Parsifal* vollenden. Hierbei sollte Wagner nicht nur an die Grenzen von Raum und Zeit stoßen, sondern auch noch die Aufhebung von strenger Kausalität erahnen. Völker, die dem Mythos als Gesamtschau der Welt noch näher stehen, kennen kein streng kausales Denken. Ernesto Grassi schreibt in *Kunst und Mythos*: »Der Hang zum nicht kausalen Denken und der Vorrang des Emotionalen könnten bei primitiven Menschen ja nicht so sehr die Ursache ihres Verhaltens als vielmehr die Folge einer anderen Stellung und Beziehung zur Wirklichkeit sein.«[41] Es scheint auch schon in frühen Stadien der Entwicklungsgeschichte keine objektive Wirklichkeit zu geben, die nicht mit der Beurteilung durch das Subjekt verbunden ist. Das ist eine Erkenntnis, zu der später auch die Quantenmechanik kommt.

Kunst ist intellektuelle und geschichtliche Erfahrung in Raum und Zeit. In *Parsifal* scheint Wagner geradezu in geschichtlichen Räumen und Zeiten hin- und herzuspringen. Die Kunst wird imaginäres Spiel in einem Raum-Zeit-Kontinuum. Der Relativitätstheorie bereitet diese Relativierung von Raum und Zeit keine besondere Schwierigkeit, ganz im Gegenteil, sie ist das Kernstück der neuen Weltdeutung. In Wagners *Parsifal* ist die neue Deutung eine durchaus revolutionäre Vorahnung, bei allen konservativen Elementen, welche die vordergründige »Attraktion« gerade dieses Werkes immer wieder ausgemacht hat.

Im Zusammenhang der Raum- und Zeitsprünge antwortet Kundry im ersten Aufzug auf Gurnemanz' Frage nach der Herkunft des Balsams in einem »kleinen Krystallgefäß« – »Woher brachtest du dies?« – geheimnisvoll: »Von weiter her, als du denken kannst.« Welche Räume und Entfernungen liegen aber weiter, als man denken kann? Offenbar doch nur imaginierte. Auch die augenblickliche Überwindung großer Räume und Entfernungen – »Wer, ehe ihr euch nur besinnt, / stürmt und fliegt da hin und zurück« – und großer Zeitabstände – Gurnemanz: »zu büßen Schuld aus früherem Leben« (erster Aufzug) – verknüpft Fernes und Nahes »raum«- und »zeitartig« miteinander.

Ähnliche Verbindungen von Vergangenheit und Zukunft, Fernem und Nahem sowie Zeit und Raum finden sich schon im ersten Buch von Schopenhauers *Welt als Wille und Vorstellung*: »Natürlich gilt Dieses (Die Welt als Vorstellung, H.M.) wie von der Gegenwart, so auch von jeder Vergangenheit und Zukunft, vom Fernsten, wie vom Nahen: denn es gilt von Zeit und Raum selbst, in welchem allein sich dieses alles unterscheidet.«[42]

Bei Schopenhauer findet sich der Ursprung von Wagners Bewußtsein über »dieses verfluchte Thema« ebenso wie Walter Benjamins Begriff der Aura, die er als »nahe Ferne« beschreibt.

Die spärlichen Aktionen und Vorgänge in *Parsifal* sind gleichmäßige Bewegungen, ein ständiges feierliches Schreiten durch imaginäre Zeiten und Räume. »Ich schreite kaum, / doch wähn' ich mich schon weit« (*Parsifal*, erster Aufzug). Wagner erweist sich auch hierin als ein Meister der musikalischen und szenischen Verwandlung. Wie schon in *Rheingold* der Wechsel vom »Grunde des Rheins« auf die »freie Gegend auf Bergeshöhn« nicht nur ein schlichter Szenenwechsel ist, sondern auch ein musikalisches Aufwärtsschreiten vom Anfang der Zeit in die »Jetztzeit«, so gerät ihm, musikalisch und szenisch, die Verwandlung in *Parsifal* über den Zeit- und Raumwechsel hinaus zu einer wechselseitigen Vertauschung und Verwandlung von Zeit und Raum. Der musikalische Terminus »Verwandlungsmusik« drückt die wahre Dimension dieser Raum-Zeit-Bewegung und Raum-Zeit-Verwandlung aus. Außerdem setzt die äußere Bewegung durch die Musik auch eine innere Bewegung des Protagonisten und des Zuschauers in Gang. Die Bewegung wird so zur äußeren und inneren Evolution des gesamten Weltgeschehens.

»Parsifal schreitet also kaum, und doch werden riesige Entfernungen überwunden«[43], kommentiert Gregor-Dellin. John Wheeler schreibt in *Gravitation und Raumzeit*: »Die Lichtgeschwindigkeit spannt Nullintervalle zwischen nahen und fernen Ereignissen und verknüpft sie zu einem reich strukturierten Ganzen: der ›Raumzeit‹. Beherrscherin der Bewegung und Heimstatt für alles, das war, ist und sein wird.«[44]

Dieses Zitat und seine Beziehung zu der Phrase Erdas aus *Rheingold* – »Wie alles war, weiß ich; / wie alles wird, / wie alles sein wird, / seh' ich auch« – wurde schon erwähnt. Für den Gralsraum wünschte Wagner keinen übernatürlichen, »mirakelhaften« Lichteffekt, dagegen schwebte ihm ein natürlicher Lichtstrahl vor: »Sehr lebhaft hörten wir ihn einmal seine Abneigung gegen alles äußerlich Mirakelhafte in den Vorgängen aussprechen: selbst der von oben herab auf den Gral fallende blendende Lichtschein sollte nicht so ohne weiteres als natürliche Erscheinung aufzufassen sein, sondern als das Licht der Sonne vorgestellt werden können, die beim Erreichen des höchsten Standes um die Mittagszeit durch die Öffnung der Kuppel, über welcher sie nun steht, auf das heilige Gefäß herabstrahlt.«[45]

Mit anderen Worten: Geographische Mittagszeit (höchster

Stand der Sonne), tatsächliche Festspielzeit und Bühnenzeit werden in der Imagination an einem Ort zusammengeführt. Einstein wird später nachweisen, daß es überhaupt keine Gleichzeitigkeit von Ereignissen an unterschiedlichen Orten geben kann.

Am Sonntag, dem 16. September 1877, trägt Wagner den Delegierten der Patronatsvereine im Saal von Wahnfried erstmals die *Parsifal*-Dichtung vor, und der Musikschriftsteller Wilhelm Tappert bemerkt dazu: »Andächtig lauschend saßen wir Nachmittags im Wahnfried. Es war eine unvergeßliche Stunde, und sonderlich ein Moment hat sich meiner Erinnerung eingeprägt. Als der Meister bis zum dritten Akt gelangt war, und gerade dort, wo der Sarg mit Titurels Leiche von den Rittern in den Saal getragen wird, neigte sich die Sonne zum Untergange, sie verschwand hinter den Bäumen des Hofgartens, zitternd glitten ihre letzten Strahlen über den Boden, wie grüßende Geister huschten sie herein und verklärten die Szene; um das Haupt des Meisters aber bildeten die Lichtwellen einen Glorienschein.«[46]

Was Tappert in der von ihm redigierten *Allgemeinen Deutschen Musikzeitung* 1877 beschreibt, scheint nichts anderes als das physikalische Phänomen der Beugung eines natürlichen Lichtstrahls an Nebel- oder Rauchteilchen, die physikalische Erklärung eines Heiligenscheins. Vermutlich wird aber hier das subjektive Erlebnis einer Aureole, in der »nahen Ferne« einer außergewöhnlichen Erscheinung, beschrieben. Verständlich wird die enthusiastische Schilderung dadurch, daß Wagner seine eigenen Werke, wie uns mehrere Zuhörer bestätigen, in unvergleichlicher Weise vorgetragen hat.

Von Tappert erschien noch 1883, im Todesjahr Wagners, eine Biographie des »Meisters«; bekannt wurde er jedoch durch sein 1887 in der Geburtsstadt Wagners veröffentlichtes *Wagner Lexikon* mit dem ernstgemeinten, unnachahmlichen

Untertitel: »*Wörterbuch der Unhöflichkeit*, enthaltend grobe, höhnende, gehässige und verleumderische Ausdrücke, die gegen den *Meister Richard Wagner, seine Werke und seine Anhänger* von den Feinden und Spöttern gebraucht wurden zur Gemütsergötzung in müßigen Stunden gesammelt von *Wilhelm Tappert*«. Unter dem Begriff *Parsifal* findet sich: »Parzi – Falle«. »Und dafür begeistern sich die Leute! Das finden sie wunderbar! Darin erblicken sie die Offenbarungen des Weltgeistes! Um so etwas zu hören, reisen sie nach Bayreuth! Bei solcher Hitze! Wenn das nicht reine Torheit ist, will ich selber noch in die Parzi – Falle gehen.«[47] Die Hervorhebungen sind von Tappert selbst, der hier einen gewissen Franz Hille im *Wiener Sonn- und Feiertagskurier* vom 30. Juli 1882 zitiert, unmittelbar nach der Uraufführung am 26. Juli 1882. Immerhin kannte Hille das Wagnersche »opus ultimum« so gut, daß er sich auf eine Schlüsselstelle zum Werkverständnis, den »reinen Tor«, bezieht.

## Bewegung, Verwandlung und Kausalität

Für das Wandeln durch Raum und Zeit und das durch die Musik verbundene Klangkontinuum findet sich wieder und wieder die Metapher des »Schreitens«, das physikalisch durch die gleichförmige Bewegung erfaßt wird. Es sind gleichförmige Bewegungen im Raum-Zeit-Kontinuum, die eine besondere Rolle in der speziellen Relativitätstheorie spielen. Der künstliche, nicht natürliche Gralsraum, in dem Wagners Personen sich bewegen, ist der abgeschlossene Bühnenraum in seiner Beziehung zum Imaginationsraum des Zuschauers. Er kann in diesem Zusammenhang mit dem Inertialraum der Relativitätstheorie verglichen werden, der sich nicht bewegt und auf den keine äußeren Kräfte einwirken. Er zeichnet sich außerdem durch seine Abgeschlossenheit von der und durch die Bezugslosigkeit zu anderen Räumen aus. In einem solchen Inertialraum ist die Zeit, in der die Personen sich bewegen, eine imaginäre. Homunculus, der reine Geist aus *Faust II*, bemerkt gleich nach seiner Erschaffung: »Natürlichem genügt das Weltall kaum, / Was künstlich ist, verlangt geschloßnen Raum.« Der mathematische Kunstgriff, durch den in der Relativitätstheorie die Dimension der Zeit in eine des Raumes verwandelt wird, besteht in der Verwandlung von realer Zeit in imaginäre Zeit. Alles Reale tritt zurück, es ist magische Zeit.

Zum genauen Verständnis der Verwandlung von Zeit in Raum ist es unerläßlich, auf die Geschichte und die Bedeutung der imaginären Zahlen einzugehen. Es ist die Geschichte der geheimnisvollen Wurzel aus -1 ($\sqrt{-1}$). 2 mal 2 ist 4, 3 mal 3 ist 9, 4 mal 4 ist 16. Daher ist die Quadratwurzel von 4 bekanntlich 2, die von 9 ist 3, und die von 16 ist 4. Auch die Quadratwurzeln vieler anderer Zahlen sind leicht zu finden. So ist zum Beispiel $\sqrt{7,3} = 2,702$, weil 2,702 x 2,702 = 7,3 ist. Was ist aber die Quadratwurzel einer negativen Zahl? Haben Ausdrücke wie $\sqrt{-5}$ und $\sqrt{-1}$ einen Sinn? Bei vernünftigem Nachdenken kommt man zu dem Schluß, daß diese Ausdrücke sinnlos sind. Der Brahmane Bhaskara, ein indischer Mathematiker aus dem 12. Jahrhundert, drückte das so aus: »Das Quadrat einer positiven wie einer negativen Zahl ist stets positiv. Daher ist die Quadratwurzel einer positiven Zahl zwiefach, positiv und negativ. Es gibt keine Quadratwurzel einer negativen Zahl, denn eine negative Zahl ist kein Quadrat.«

Mathematiker sind aber hartnäckig, und wenn etwas offenbar Sinnloses in ihren Formeln ständig wiederkehrt, so suchen sie nach einem Sinn. Hierin unterscheiden sie sich kaum von Künstlern. Die Quadratwurzeln negativer Zahlen treten in der Tat in der Mathematik häufig auf. Der Mann, der als erster eine Formel niederschrieb, die die scheinbar sinnlose Wurzel einer negativen Zahl enthielt, war der italienische Philosoph, Mathematiker und Arzt Geronimo Cardano (1501–1576). Er beschrieb die schon von Philon von Byzanz in der zweiten Hälfte des 3. Jahrhunderts vor Christus erwähnte »Cardanische Aufhängung« eines Kreisels, wodurch dieser drei Freiheitsgrade erhält. Der Kreiselkompaß in Schiffen beispielsweise beruht auf dem Prinzip der Cardanischen Aufhängung. Philosophie sollte nach Cardanos Ansicht nur Gelehrten zugänglich sein, um die Massen nicht im Kirchenglauben zu beunruhigen. Mit Philosophie meinte er natürlich im damaligen Sprachgebrauch des Wortes die Naturphilosophie, den alten Ausdruck für Naturwissenschaft, wie er noch in Newtons naturwissenschaftlichem Hauptwerk *Principia mathematica philosophiae naturalis* zu finden ist.

Cardano untersuchte jedenfalls die Möglichkeit, die Zahl 10 in zwei Teile zu zerlegen, deren Produkt 40 sein sollte. Er konnte zeigen, daß dieses Problem zwar keine reelle Lösung hat, aber doch zu einer Antwort in Gestalt zweier mathematischer Ausdrücke führt: $5 + \sqrt{-15}$ und $5 - \sqrt{15}$. Auf den eleganten mathematischen Beweis muß hier nicht näher eingegangen werden. Er schrieb ihn jedoch mit dem Vorbehalt nieder, daß die ganze Sache sinnlos und imaginär sei. Wagt man aber, die Wurzeln negativer Zahlen niederzuschreiben, so imaginär sie auch scheinen mögen, so läßt sich das Problem der Teilung von 10 in die beiden gewünschten Zahlen lösen. Cardano nannte diese Werte »imaginäre Zahlen«.

In der Folge begannen die Mathematiker, diese imaginären

Zahlen immer öfter zu verwenden, wenn auch stets unter großen Vorbehalten. Noch der bedeutende Schweizer Mathematiker Leonhard Euler vermerkte in seiner berühmten *Algebra* (1770), in der imaginäre Zahlen häufig verwendet werden, daß »alle Ausdrücke wie $\sqrt{-1}$, $\sqrt{-2}$ usw. unmögliche oder imaginäre Zahlen« sind, denn sie stellen »die Wurzeln negativer Größen dar. Von solchen Zahlen können wir wohl sagen, daß sie weder nichts, noch größer als nichts, noch kleiner als nichts sind, was sie mit Notwendigkeit imaginär oder unmöglich macht.«

Immerhin wurden die imaginären Zahlen in der Mathematik bald ebenso unentbehrlich wie Brüche oder gewöhnliche Wurzeln. Man kam einfach nicht mehr ohne sie aus. Die Familie der imaginären Zahlen stellt sozusagen ein fiktives Spiegelbild der gewöhnlichen oder reellen Zahlen dar – wie in unserem Zusammenhang das Spiegelbild der realen Zeit zur imaginären Zeit wird. Ebenso, wie man alle reellen Zahlen von der Grundzahl 1 aus darstellen kann, ist es möglich, alle imaginären Zahlen von der imaginären Grundzahl $\sqrt{-1}$ aus aufzubauen. Diese Grundzahl nennt man »i«. Jede gewöhnliche reelle Zahl hat also einen imaginären Doppelgänger – imaginäre Gegenwelten und Doppelgänger in der Mathematik. Dieselbe Phantasie, welche imaginäre Zahlen erfindet, ersinnt auch Doppelgänger oder Widergänger und irreale Welten in der Literatur: z.B. das »Spiegelbild« in *Hoffmanns Erzählungen*.

Reelle Zahlen lassen sich mit imaginären Zahlen in gemeinsamen Ausdrücken vereinigen und ergeben dann komplexe Zahlen. Zwei Jahrhunderte lang nach ihrem Einbruch in die Mathematik blieben die imaginären Zahlen in den Schleier des Geheimnisses und der Unglaubwürdigkeit gehüllt, bis sie schließlich von zwei Amateurmathematikern eine einfache geometrische Deutung erhielten. Das waren der norwegische Mathematiker Caspar Wessel (1745–1818), der als Feldmesser Karten von Schleswig und Holstein anlegte, und der Pariser Buchhalter Robert Argand (1768–1813). Ihre Deutung ermöglicht es, eine komplexe Zahl, etwa 3 + 4i, in einem Koordinatensystem darzustellen. Alle gewöhnlichen reellen Zahlen, positive und negative, lassen sich als Punkte auf der horizontalen Achse darstellen, hingegen erscheinen alle bloß imaginären als Punkt auf der vertikalen. Wenn man eine reelle Zahl, etwa 3, die auf der Horizontalachse steht, mit der imaginären Einheit »i« multipliziert, so erhält man die imaginäre Zahl 3i, die auf die vertikale Achse aufzutragen ist. Somit ist die Multiplikation mit »i« geometrisch einer Drehung um einen rechten Winkel entgegen dem Uhrzeigersinn äquivalent.

Wenn man 3i nochmals mit i multipliziert, muß man das Ganze nochmals um 90 Grad drehen. Der resultierende Punkt kehrt dann auf die Horizontalachse zurück, aber er liegt jetzt auf der negativen Seite. Daher ist $3i \times i = 3 i^2 = -3$, oder $i^2 = -1$. Die Formel »Das Quadrat von i ist gleich -1« ist wohl verständlicher als der Satz: Zweimalige Drehung um 90 Grad entgegen dem Uhrzeigersinn bringt uns auf die andere Seite. Der Leser darf jetzt ganz tief durchatmen.

Diese Exkursion war notwendig, weil die geometrische Deutung der imaginären Zahlen heute für das Verständnis vieler Zweige der Technik, zum Beispiel in der Wechselstromtechnik, von größter Wichtigkeit ist. Ihre allgemeinste Anwendung hat sie aber wohl in Hermann Minkowskis Entdeckung gefunden, wonach sich der dreidimensionale Raum und die Zeit mit Hilfe der Wurzel aus -1 zu einem vierdimensionalen Weltbild vereinigen lassen, das den Regeln der vierdimensionalen Geometrie gehorcht. Und auf eben diese Entdeckung ist jetzt näher einzugehen. Das Schreiten, auch das in der musikalischen Textur, durchzieht den gesamten *Parsifal*. Es stellt eine gleichförmige Bewegung durch einen abgeschlossenen Raum in einer gegebenen Lokalzeit dar, wie es die Relativitätstheorie beschreibt. In der klassischen, durch Newtons Bewegungsgesetze definierten Physik folgt der von Punkt y nach Punkt x der Bühne zurückgelegte Weg einem genau definierten Pfad mit einer genau definierten Geschichte. Die klassische Physik erlaubt keine Abweichung, keine »Irrniß«. Für Parsifal war seine Lebensgeschichte aber, wie er selber sagt: »Der Irrniß und der Leiden Pfade ...« (dritter Aufzug). In *Die Geburt der Tragödie* spricht Friedrich Nietzsche von der »Widerspiegelung des ewigen Urschmerzes, des einzigen Grundes der Welt«, und davon, daß jener »Untergrund des Leidens und der Erkenntnis, immer wieder durch das Dionysische aufgedeckt wurde«. Das Dionysische ist bei Nietzsche immer mit der Musik gleichzusetzen.

Die Quantenphysik argumentiert mit den Abweichungen von definierten Pfaden, und um dem Rechnung zu tragen, tritt an die Stelle der Bewegungsgleichung eine Wahrscheinlichkeitsfunktion. Das Ergebnis einer Beobachtung kann im allgemeinen nicht mit Sicherheit vorhergesagt werden. Was man vorhersagen kann, ist die Wahrscheinlichkeit für ein bestimmtes Ergebnis. Die Wahrscheinlichkeitsfunktion beschreibt, anders als das mathematische Schema der Newtonschen Mechanik, nicht einen bestimmten Vorgang, sondern eine Gesamtheit von möglichen Vorgängen. Die Quantenphysik zeigt, daß es einen präzise definierten Pfad nicht geben kann. Denn dazu wäre eine genaue gleichzeitige Orts- und Geschwindigkeitsbestimmung notwendig, die aber mit der Heisenbergschen Unschärferelation unvereinbar ist. Sie erwägt daher auch Pfade, die von den Gesetzen der klassischen Physik abweichen.

Unsere Beobachtung selbst, etwa als Betrachter eines Kunstwerks, ändert die Wahrscheinlichkeitsfunktion unstetig. Sie wählt von allen möglichen Vorgängen den aus, der tatsächlich stattgefunden hat. Da sich durch die Beobachtung unsere Kenntnis des Systems unstetig geändert hat, hat sich auch ihre mathematische Darstellung unstetig geändert: Hier kann man von einem »Quantensprung« sprechen. Die Natur macht eben doch Sprünge. Der Übergang vom Möglichen zum Faktischen findet also während des Beobachtungsaktes statt. Die klassische Physik beruhte aber gerade auf der Annahme – oder besser, Illusion –, daß wir die Welt beschreiben können, ohne uns selbst ins Spiel zu bringen. Die Quantenphysik bezieht das Subjekt als Teil des experimentellen Systems, das untersucht werden soll, ausdrücklich in die Deutung mit ein. Eben dieses subjektive Moment, auf dem jede Weltbeschreibung, jede Weltdeutung beruht, teilt die moderne Physik mit der Kunst.

Gemäß der Quantenphysik kann also jeder mögliche Pfad in der Raumzeit beschritten werden. Daher hat jeder Protagonist auf der Opernbühne – wie auf der Bühne des Lebens – eine unendliche Anzahl von Geschichten, von Lebenspfaden, auf denen er sich bewegen kann. Jedem möglichen Pfad wird so eine quantenmechanische Größe zugeordnet, die ein Maß für seine Wahrscheinlichkeit darstellt. Die Wahrscheinlichkeit eines Pfades ergibt sich dann ganz selbstverständlich aus der Summe der quantenmechanischen Größen aller möglichen Pfade zu einem bestimmten Endpunkt. Dies bezeichnete Richard Feynman, einer der bedeutendsten Physiker des 20. Jahrhunderts, als »sum over histories«, als Summe über die Geschichten.

Wegen »technischer« Probleme bei der Berechnung der Summe über die Geschichten arbeiten die Quantenphysiker mit der »imaginären Zeit«. Die sich daraus ergebende mathematische Überlegung und Konsequenz ist jetzt leicht einzusehen: Imaginäre Zeit $\tau$ ist mit der reellen Zeit $t$ verbunden über die Beziehung τ = i x t. In der imaginären Zeit führt jetzt das Raum-Zeit-Intervall, dem wir schon als Nullintervall im Zusammenhang mit der Lichtgeschwindigkeit begegnet sind, dazu, daß die Zeit raumartig wird. Eine Raumzeit mit diesen Eigenschaften wird euklidisch genannt, nach Euklid, dem Vater der Geometrie.

»Der Zeitablauf einer Geschichte muß den Bedingungen des Theaterraumes, verstanden als Gesamtheit aus Bühne und Publikum, angepaßt werden«[1], sagt Hans Mayer über *Parsifal*. Im Kontext dieser »Gesamtheit aus Bühne und Publikum« ist es bemerkenswert, daß in Einsteins imaginärem Geschehen, das er »Gedankenexperiment« nennt, bezeichnenderweise immer auch der Zuschauer, den er Beobachter nennt, in das Geschehen miteinbezogen wird. In diesem Sinne kann das subjektive Zeitempfinden des Theaterzuschauers und des Protagonisten auf der Bühne durchaus differieren von der Dauer der »objektiv« meßbaren Zeit.

Die Gesamtheit aus Bühne und Publikum kann aber auch in einem überhöhten künstlerisch-philosophischen Sinne gedeutet werden. Friedrich Nietzsche tut dies in seiner Schrift *Richard Wagner in Bayreuth*: »Damit ein Ereignis Größe habe, muß zweierlei zusammenkommen, der große Sinn Derer, die es vollbringen und der große Sinn Derer, die es erleben.«[2] Das setzt, wie Nietzsche sagt, die aktive Beteiligung des Publikums voraus. Richard Wagner selber sagt: »Im Kunstwerk werden wir Eins sein.«

Für unsere Betrachtung ist es entscheidend, daß bei der Bewertung der »Summe über die Geschichten« die Zeit als imaginäre Größe i eingeführt wird und damit die Raum-Zeit-Vertauschung, wie sie Wagner beschrieben hat, erst ermöglicht wird. Minkowski führte die Zeit als mit der imaginären Größe i verbunden in die Relativitätstheorie ein und hob damit formal die vordergründige Trennung von Raum und Zeit auf, die in Einsteins Raum-Zeit-Kontinuum noch bestand und die Richard Wagner so viel Kopfzerbrechen bereitete. »Durch die Einführung der imaginären Zeitvariable hat Minkowski die Invariantentheorie des vierdimensionalen Kontinuums des physikalischen Geschehen der des dreidimensionalen Kontinuums des euklidischen Raumes völlig analog gemacht«[3], heißt es in Einsteins *Grundzügen der Relativitätstheorie*.

Mit dieser Umwandlung der realen Zeit in eine imaginäre Größe – und genau dies geschieht ja auf der Bühne, die reale Zeit wird zur imaginären Zeit – wird das aus drei Raum- und einer Zeitdimension bestehende Kontinuum in ein Weltkontinuum verwandelt, das den Regeln einer vierdimensionalen euklidischen Geometrie gehorcht. Durch die Verwandlung von Zeit in Raum, in das dreidimensionale Kontinuum des euklidischen Raumes, schlagen Relativitätstheorie und Wagners *Parsifal* einen historischen Bogen bis zu Euklid.

Die Raumzeitwelt der klassischen Physik ist eine euklidische, die für alle Beobachter in den gleichen anschaulichen Raum und dieselbe gleichmäßig ablaufende Zeit zerfällt. Die Raumzeitunion der Relativitätstheorie ist eine nichteuklidische, die bei Aufspaltung durch verschiedene Beobachter verschiedene Raum- und Zeitperspektiven liefert. Beliebig aufspalten kann man das Weltkontinuum allerdings nicht, sondern es gibt gewisse mathematische Bedingungen, die den Bereich angeben, innerhalb dessen man bei der Aufspaltung eine Linie als »Zeitachse« wählen kann. Es gibt also in dieser Welt zwar keine Zeit, aber doch »zeitartige« Linien, die für unsere Anschauung die Rolle der Zeit spielen können. Daß solche Sonderbedingungen auch im vierdimensionalen Kontinuum noch gelten, drückt eben die Verschiedenartigkeit der

Anschauungsformen von Raum und Zeit aus und kann als Rechtfertigung für ihre Unterscheidung im Wahrnehmungserlebnis betrachtet werden.

Die Relativitätstheorie ist also eigentliche »Relativitäts«-theorie nur in bezug auf den Menschen, Absoluttheorie unter dem Gesichtspunkt der Zeitlosigkeit. Sie hebt das von Richard Wagner als furchtbar tragisch für das Leben empfundene »Auseinanderliegen in Zeit und Raum« endgültig auf.

Die grundlegende Arbeit zur speziellen Relativitätstheorie trägt den Titel *Zur Elektrodynamik bewegter Körper.* Die Grundgesetze der Elektrodynamik beweisen aber, daß die elektrodynamischen Wirkungen aufs engste mit der Struktur des euklidischen Raumes im Zusammenhang stehen; sie liefern ein natürliches, rechtwinkliges Koordinatensystem, also den Raum, in dem wir uns natürlicherweise aufhalten und bewegen, bevor wir ihn durch Kunst und Naturwissenschaft hinterfragen und überhöhen.

Es muß hier nochmals darauf hingewiesen werden, daß diese Verwandlung und Umwandlung in den euklidischen Raum nur für die gleichförmig-schreitende Bewegung im sozusagen »materiefreien« idealen Raum der Gralswelt gilt; nur in und für diesen Raum ist Gurnemanz' Satz zu verstehen. Die gegen die äußere Welt abgeschirmte Gralswelt mit ihren gleichförmigen Bewegungen kann so im Sinne der speziellen Relativitätstheorie als ein Inertialsystem aufgefaßt werden. Der niederländische Kulturhistoriker Johan Huizinga schreibt 1938 in *Homo Ludens*: »Die Arena, der Tempel, die Bühne ... sind zeitweilige Welten innerhalb der gewöhnlichen Welt, die zur Ausführung einer in sich abgeschlossenen Handlung dienen.« In einem im Gegensatz zur Gralswelt nicht mehr idealen, sozusagen »materieerfüllten« Raum, wie er uns dagegen in der Welt Klingsors entgegentritt, in dem heftig beschleunigte Bewegungen auftreten, wie es schon im Vorspiel zu diesem Aufzug deutlich wird, ist das Raum-Zeit-Kontinuum nicht euklidisch.

Die Wiederherstellung und Erweiterung des griechischen Kunstwerks, die Richard Wagner zeitlebens vorschwebte, erhält im Lichte der modernen physikalischen Deutung von Zeit und Raum in *Parsifal* eine besondere Färbung: »Umfaßte das griechische Kunstwerk den Geist einer schönen Nation, so soll das Kunstwerk der Zukunft den Geist der freien Menschheit über alle Schranken der Nationalitäten hinaus umfassen.«[4] Diesen Gedanken aus *Die Kunst und die Revolution* erweitert Wagner zur Vollendung und Überhöhung des griechischen Kunstwerks und weist damit schon 1849 auf den Grundgedanken des späteren *Parsifal* hin, indem er fortfährt: »Etwas ganz Anderes haben wir daher zu schaffen, als etwa eben nur das Griechentum wiederherzustellen ... Nein, wir wollen nicht wieder Griechen werden; denn was die Griechen nicht wußten, und weswegen sie eben zu Grunde gehen mußten, das wissen wir. Gerade ihr Fall, dessen Ursache wir nach langem Elend und aus tiefstem allgemeinen Leiden heraus erkennen, zeigt uns deutlich, was wir werden müssen: er zeigt uns, daß wir alle Menschen lieben müssen, um uns selbst wieder lieben, um Freude an uns selbst wieder gewinnen zu können. Aus dem entehrenden Sklavenjoche des allgemeinen Handwerkerthums mit seiner bleichen Geldseele wollen wir uns zum freien künstlerischen Menschenthume mit seiner strahlenden Weltseele aufschwingen; aus mühselig beladenen Tagelöhnern der Industrie wollen wir alle zu schönen, starken Menschen werden, denen die Welt gehört als ein ewig unversiegbarer Quell höchsten künstlerischen Genusses.«[5]

Was Wagner fordert, ist religiöse Toleranz und ein weltumspannendes Mitleid, das alle Menschen in einer Weltgesellschaft umfassen soll. Ebenso, wie Parsifal es später »nach tiefstem allgemeinen Leiden« und »der Irrniß und der Leiden Pfade« erkennen wird, damit er, in Anlehnung an das antike Fest, die »Feier« als »Liebesmahl« vollziehen kann. Wie Brünnhilde erkennt und überwindet Parsifal die reale Welt nach tiefer Leiderfahrung.

Das kollektive emotionale Erlebnis der Panathenaien, wie die Alten sagten, »das Allfest der Athene«, wie es Platon im Dialog *Ion* beschreibt[6], muß sich bei den ersten Aufführungen des *Parsifal* eingestellt haben. So berichtet etwa Wilhelm Tappert: »Im Tempel des heiligen Gral sollten wir uns alle die Hände zur Versöhnung reichen, zu welcher Religion sich auch jeder bekennen möge. Nicht eine Oper war es, was wir sahen, – ein Mysterium erlebten wir!«[7]

Das alljährliche gesellschaftliche Spektakel zur Festspielzeit in Bayreuth ist weit entfernt von einem Mysterium. Wir haben inzwischen erkennen müssen, daß die Forderungen Wagners an Publikum und Festspiel sich als unerfüllbare Utopien erwiesen haben. Auch erweisen sich heute die nicht mehr »mühselig beladenen Tagelöhner der Industrie« keineswegs als »schöne starke Menschen höchsten künstlerischen Genusses«.

Die Parallelen zur modernen Naturwissenschaft zeigen, daß Richard Wagner in seiner künstlerischen Gesamtschau von der Antike bis zur Neuzeit die späteren Erkenntnisse der Kosmologie im *Ring* und die von Relativitäts- und Quantentheorie in *Parsifal* intuitiv vorwegnimmt.

Im Gleichklang verschiedener Ansätze von »Weltvorstellung«, der philosophischen, der künstlerischen und der naturwissenschaftlichen, verwundert es nicht mehr, wenn Wagner in der intellektuell-künstlerischen und Schopenhauer in der intellektuell-philosophischen Deutung der Welt zu ähnlichen Erkenntnissen kommen wie die moderne Naturwissenschaft.

Von der Mitleidsethik, zu der Parsifal geführt wird, hatte Schopenhauer geschrieben, daß »freiwillige, vollkommene Keuschheit der erste Schritt in der Askese oder der Verneinung des Willens zum Leben«[8] ist. Ebenso: »Alle Liebe (αγαπη, caritas) ist Mitleid.«[9] Daß »freiwillige, vollkommene Keuschheit« freilich nur die Sublimation eines starken biologischen Urtriebes im Menschen ist, wissen wir seit Charles Darwin und Sigmund Freud. Der Regisseur Peter Konwitschny hat in seiner Münchner *Parsifal*-Inszenierung 1996 diesen Aspekt einer eben nicht freiwilligen und vollkommenen Keuschheit innerhalb der Gralsritterschaft herausgearbeitet, indem er sie in einem unübersehbaren heimlich-erotischen Verlangen vorführt. Die absolute Keuschheit ist in der Natur eine ähnliche Fiktion wie der absolute Raum und die absolute Zeit in der modernen Physik. Auch hierin zeigen sich die Übereinstimmungen von moderner Weltsicht und Welterklärung, die darin bestehen, daß die Geisteswissenschaften und die Naturwissenschaften den absoluten Größen mehr und mehr mißtrauen.

Am Ende unseres Weges durch die Raum-Zeit-Problematik – mit Einführung der imaginären Zeit, nach einem Seitenblick auf die Wahrscheinlichkeit geschichtlicher Pfade und deren unbestimmte Kausalität als Folge der quantenphysikalischen Grundbedingungen – sind wir angelangt bei rein menschlichen Bedingtheiten: Wille, Mitleid und Liebe. Wir ahnen aber, daß die menschlichen Verstrickungen, wie sie in *Parsifal* gestaltet und ausgedeutet werden, durchaus mit unseren eingeschränkten und unzulänglichen Vorstellungen von zeitlichen, räumlichen und kausalen Zusammenhängen zu tun haben können.

Wagner geht in seiner frühen Schopenhauer-Interpretation geradezu obsessiv immer wieder auf das Problem der Kausalität ein: »Wem somit Zeit, Raum und Ursächlichkeit keine Realitäten mehr sind, dem ist auch die einzig in unserer (auf jene Formen gegründeten) Wahrnehmung vorhandene Individualität keine Realität mehr, und er verlangt für den höchsten Akt des Willens die Selbstverneinung, nicht mehr Zeit, Raum und Causalität.«[10] Er zitiert häufig in jener Zeit wörtliche Passagen aus Schopenhauers *Welt als Wille und Vorstellung*.[11] Die Irrealität der Individualität und das Bewußtsein der existentiellen Verstrickung finden einige Wochen vor seinem Tod in Cosimas Tagebuch ihren Niederschlag: »R.(ichard) aber macht uns auf den Unsinn aufmerksam, von Wirkung zu Ursache bis zur Monade zu gehen, also immer in der Vorstellung von Zeit, Raum und Kausalität befangen zu bleiben.«[12]

Die antiken Denker waren dem Mythischen deshalb unmittelbar verbunden, weil es bei ihnen noch keine durchgängige Aufteilung in Kunst, Philosophie und Physik gab. Ihre Erfassung der Wirklichkeit ergab sich ohne naturwissenschaftliche Experimente im modernen Sinne auch als Erfahrung des Mythos. »In gewissem Sinne halte ich für wahr«, schrieb Albert Einstein, »daß dem reinen Denken die Erfassung des Wirklichen möglich ist, wie es die Alten geträumt haben.« Die Vergleichbarkeit der Ergebnisse läßt uns ahnen, daß Kunst, Philosophie und Naturwissenschaft gleichberechtigte Teilaspekte ein und derselben Wirklichkeit zu beschreiben versuchen.

# VIERTER TEIL

# Mythos und naturwissenschaftliche Weltdeutung

## Ästhetik in der Naturwissenschaft

»Die Ästhetik steht höher als die Ethik. Sie gehört zu einer geistigeren Sphäre. Die Schönheit einer Sache wahrnehmen, ist die höchste Erkenntnis, zu der wir gelangen können.« Diese Zeilen von Oscar Wilde stellt der amerikanische Literaturkritiker Richard Ellmann dem Kapitel »The Age of Dorian Gray« in seiner Biographie Oscar Wildes als Motto voran. In *The Picture of Dorian Gray* erkennt er einen Mythos des Ästhetizismus und der Schönheit, der äußere Wahrnehmung und innere Häßlichkeit zugleich widerspiegele. Am Ende des 19. Jahrhunderts wird das der neue Mythos einer modernen Ästhetik, die sich bewußt vom Ideal der Antike absetzt. Die Lehre von der Kunst, vom Schönen allgemein, heißt Ästhetik, doch bezeichnet dieser Begriff auch die Lehre von der Wahrnehmung (αισϑησις). Wahrnehmung im Sinne empirischer Feststellung ist die Grundlage der Naturwissenschaft. Insofern kann das Kunstwerk als Weltdeutung ebenso naturwissenschaftliche Aspekte enthalten wie die Naturwissenschaft als Weltdeutung ästhetische. »Der Einfall, die Intuition, die Phantasie sind hier (gemeint sind die Naturwissenschaften, H.M.), wie überall, die Quellen schöpferischer Leistung«[1], schreibt Max Born in dem Kapitel »Mathematik und Wirklichkeit« seines Buches über die Relativitätstheorie.

Die Weltdeutung im *Ring* findet ihre Analogie in der modernen Kosmologie, die Weltdeutung des *Parsifal* enthält auffällige Parallelen zur Relativitäts- und Quantentheorie. In den ersten drei Teilen wurden diese Parallelen ausführlich begründet. Zu zeigen bleiben die künstlerisch-ästhetischen und mythisch-geschichtlichen Aspekte in den Naturwissenschaften, um die subjektiven Elemente darin sichtbar zu machen. Hier sollen zunächst die ästhetischen Inhalte der Naturwissenschaften dargestellt werden, da Weltdeutung weder ausschließlich naturwissenschaftlich noch ausschließlich mythisch-künstlerisch sein kann. Allerdings scheint mir die Behauptung des Philosophen Kurt Hübner in seinem grundlegenden Werk zum Mythos, daß »die Wissenschaft nicht rationaler ist als der Mythos«[2], zu weit zu gehen – es kommt auf die Definition des »Rationalen« an.

Platon als typischer Vertreter der antiken Naturphilosophie mit ihrer Verbindung von naturwissenschaftlichen und künstlerischen Elementen beschreibt im *Timaios*, daß die Welt als Ganze schön sein muß: »Wessen Erzeuger aber, mit stetem Hinblick auf das stets sich gleich Verhaltende, nach einem solchen Vorbilde dessen Gestalt und Kraft er schafft, das muß notwendig schön vollendet werden im Ganzen.«[3] Das ist der Ursprung des Topos, daß die Schöpfung als Ganze im ästhetischen Sinne makellos ist, auch wenn uns einzelne Teile häßlich erscheinen mögen. Wenn uns das nicht immer bewußt wird, kann es nur daran liegen, daß wir, im Gegensatz zum Schöpfer, immer nur Teilausschnitte sehen, niemals die Schöpfung insgesamt. Als unästhetisch empfundene Teilbereiche können daher subjektive Fehlurteile genannt werden. Die von Werner Heisenberg und anderen wiederaufgenommene Unterscheidung vom *Teil und dem Ganzen* hat hier ebenso ihren naturphilosophischen Ursprung wie die Überzeugung, eine naturwissenschaftliche Einsicht in das Ganze, wie sie als Weltformel angestrebt wird, müsse im ästhetischen Sinne vollendet sein.

Dem untrennbaren mythischen Zusammenhang von Göttlichkeit und Schönheit, wie er schon bei Platon beschrieben wird, begegnen wir bei Immanuel Kant wieder, wenn er in seiner *Allgemeinen Naturgeschichte und Theorie des Himmels* schreibt, daß »der Beweis des göttlichen Urhebers, den man aus dem Anblicke der Schönheit des ganzen Weltgebäudes ziehet, den ganzen Wert derjenigen Beweise, die man aus der Schönheit und vollkommenen Anordnung des Weltbaus zur Bestätigung eines höchstweisen Urhebers«[4] zieht, darstellt. Dieser Zusammenhang scheint auch im späten Kunstmythos Richard Wagners wieder auf. Der Riese Fasolt – einer der wenigen wirklich Liebenden in einer Welt, in der die Liebe sonst nur verraten oder verschachert wird – ist bereit, Macht und Gold für die Liebe einzutauschen. Er erkennt auch die göttliche Macht der Schönheit, wenn er die Götter auf den Ursprung ihrer Herrschaft hinweist: »Die ihr durch Schönheit herrscht, / schimmernd hehres Geschlecht, / wie thörig strebt ihr / nach Thürmen von Stein.«

Gerade die Musik »wirkt durch ihre eigenste Schönheit zugleich als tönendes Abbild der großen Bewegungen im Weltall. In ihr findet der Mensch das ganze Universum«[5], schreibt Eduard Hanslick 1854, dem Jahr der Komposition von *Rheingold* und *Walküre*. Wer vom »ganzen Universum« spricht, findet in der Musik das adäquateste künstlerische Ausdrucksmittel. Im *Ring* hat Richard Wagner dies an vielen Stellen zum

Klingen gebracht hat. Einstein schrieb einmal in einem auto-biographischen Bericht über Niels Bohrs frühe Arbeiten zur Quantentheorie des Atombaus, sie seien »höchste Musikalität auf dem Gebiete des Gedankens«.

Auch die Relativitätstheorie, als moderne Form einer Welt-deutung, ist durchsetzt von einer mathematischen Ästhetik. In seiner wissenschaftlichen Biographie Albert Einsteins über-schreibt ein Freund, der Physiker Abraham Pais, das Kapitel über die spezielle Relativitätstheorie mit *Die ästhetischen Ur-sprünge der Relativitätstheorie*: »Einstein wurde zur speziellen Relativitätstheorie vor allem durch ästhetische Argumente ge-führt, nämlich durch Argumente der Einfachheit. Diese groß-artige Idee verfolgte ihn sein ganzes Leben hindurch. Sie führte ihn zum Höhepunkt seiner Leistungen, nämlich zur allgemei-nen Relativitätstheorie, und ließ ihn an der einheitlichen Feld-theorie scheitern.«[6] In *Die Relativitätstheorie Einsteins* drückt Max Born es ähnlich aus: »Wenn die Einsteinsche Theorie nichts weiter leisten würde, als die Newtonsche Mechanik dem allgemeinen Relativitätsprinzip zu unterwerfen, so würde sie doch jeder vorziehen, der in den Gesetzen der Natur die Harmonie der höchsten Einfachheit sucht.«[7] Das Faszinie-rende an dieser Betrachtungsweise der Natur ist, neben der Ästhetik, ein erkenntnistheoretisches Problem: daß es über-haupt einfache physikalische Theorien gibt, die wahr sind. Ebenso müssen Wahrheit, Einfachheit und Ästhetik im Kunst-werk zusammenfallen.

Das Postulat der höchsten Einfachheit in den exakten Natur-wissenschaften leitete Einstein, der davon sprach, »daß die Natur die Realisierung des mathematisch denkbar Einfachsten ist«[8], auf seiner lebenslangen Suche nach der einheitlichen Feldtheorie, einer Umschreibung für die »mythische« Weltfor-mel. Der Physiker Pais schließt den Abschnitt über die ästhetischen Grundlagen der speziellen Relativitätstheorie mit der Bemerkung, sie sei ein Beispiel, »wie die moderne Physik über die Intuition des Alltags hinausgeht«.[9] Aber das läßt sich auch von der Kunst und dem Kunstwerk sagen.

Einsteins neue Sicht der Gravitation führte zwangsläufig zum Gravitationskollaps: Die gesamte Materie des Universums oder einzelner Teile stürzt durch Anziehung in sich zusammen. Im Innern des Materieklumpens entsteht, wie die Physiker sagen, eine »Singularität«. Singularität ist nichts anderes als die physikalische Bezeichnung für ein Schwarzes Loch. Einstein hat sich aus emotionalen Gründen allerdings stets gegen diese Konsequenz seiner Theorie ausgesprochen. Von John Wheeler gibt es in diesem wissenschaftsästhetischen Zusammenhang folgende Aussage: »Dieses ist unser Universum, unser Museum voll wunderbarer Schönheit, unsere Kathedrale.«[10] Angesichts der Welt als Ganze greifen auch Naturwissenschaftler zu religiösen, auratischen Begriffen.

Die Verbindung von ästhetischen Argumenten mit naturwissenschaftlichen Erkenntnissen reflektiert die schon erwähnte Verbundenheit mit dem antiken Naturmythos und einen zutiefst subjektiven Zug der wissenschaftlichen Betrachtungsweise. Die Quantenphysik bezieht daher das Subjekt als Untersucher oder Beobachter bewußt in den wissenschaftlichen Untersuchungsprozeß mit ein, und in einem nie dagewesenen Ausmaß werden das Subjekt und sein ästhetisches Empfinden, ja, selbst seine Emotionen, zum Bewertungsmaßstab von Formelschönheit und Richtigkeit einer naturwissenschaftlichen Erkenntnis. Carl Friedrich von Weizsäcker sprach einmal vom »tiefwurzelnden Glauben des Künstlers an die mathematische Schönheit der Grundgesetze der Natur«.[11] Mit dem Künstler war Werner Heisenberg gemeint.

Daß man für diese Einsicht die Tradition einer Kultur kennen und den formalen Gestaltungs- und Rezeptionsprozeß beherrschen muß, gilt gleichermaßen für die Naturwissenschaft und die Musik. »Der hohe Geschmack für verfeinerte (refined) Musik«, heißt es in Charles Darwins *Abstammung des Menschen*, »ist durch Kultur erworben und hängt von komplexen Assoziationen ab; Barbaren oder ungebildete Personen haben ihn nicht entwickelt.«[12] Nicht nur die moderne Kunst, auch der Manierismus haben diese Tradition allerdings um eine neue Dimension erweitert: um eine Ästhetik des Häßlichen und der Brüche. Die Integration dieser Erkenntnis in unser Bild vom ästhetischen Kosmos muß noch erarbeitet werden; sie bleibt einer späteren Gesamtschau vorbehalten. Schönheit und Häßlichkeit, als korrespondierende Begriffe, tragen gemeinsam zum tieferen Verständnis und zur Deutung der Welt bei.

Die gegenseitige Abhängigkeit des Wissenschaftsprozesses vom Subjekt und seiner ästhetischen Empfindung zielt eher in den Bereich des künstlerischen Schaffens- und Erkenntnisprozesses oder in den Bereich des Glaubens als in die Wissenschaft. Der holländische Physiker Hendrik Antoon Lorentz, dessen Einfluß auf Albert Einstein nicht hoch genug eingeschätzt werden kann, schreibt in einem Brief an diesen: »Ich erinnere mich noch lebhaft, wie Sie mir vor mehr als 13 Jahren in meinem Zimmer in Leiden auseinandersetzten, meine Uhr würde etwas rascher gehen, wenn sie sich näher an der Decke befände. Das war der Anfang mancher Belehrung, und so hat die Umwälzung in unserer Wissenschaft, die wir Ihnen verdanken, viel dazu beigetragen, mich jung zu erhalten. Ich hatte eben die langen Jahre hindurch so viel Glück, wie ein Mensch nur wünschen kann. Das rührte zum Teil daher, daß damals, als wir noch so in kindlicher Unschuld (ohne von Quanten zu wissen) lebten, die Physik so schön war.«[13]

Die Schönheit der Physik vor der Quantentheorie kann sich

nur auf die Schönheit der Grundgesetze der Elektrodynamik vor Einsteins revolutionärer Arbeit *Zur Elektrodynamik bewegter Körper* beziehen, an denen Lorentz entscheidend beteiligt war. Seine Elektronentheorie bedeutete Höhepunkt und Abschluß der Physik, die – eine Fiktion – den Äther als Träger der elektromagnetischen Schwingungen postulierte. Wie Schallwellen im Medium Luft sollte das Licht, als elektromagnetische Schwingung, sich im Äther fortpflanzen. Daß Licht sich im Leeren, im Vakuum, fortpflanzen könne, war für die Physiker des 19. Jahrhunderts unvorstellbar. Einstein bewies 1905 in seiner Arbeit *Zur Elektrodynamik bewegter Körper,* daß der Äther nicht existiert. Die vier Maxwellschen Formeln der Grundgesetze der Elektrodynamik, die Lorentz und Einstein zu den entscheidenden Theorien führten, lassen noch Jahrzehnte später einen anderen engen Freund Einsteins, den theoretischen Physiker Max Born, ins Schwärmen geraten: »Die vier symbolischen Formeln (von Maxwell zur Elektrodynamik, H.M.) haben eine wunderbare Symmetrie. Eine solche formale Schönheit ist keineswegs gleichgültig. Sie enthüllt die Einfachheit des Naturgeschehens, das durch die Begrenztheit unserer Sinne der direkten Anschauung verborgen bleibt und sich nur dem zergliedernden Verstand offenbart.«[14]

Die Briefstelle von Lorentz belegt eindrucksvoll, daß subjektive Einstellung und kindliche Unschuld auch in der »objektiven« Physik anzutreffen sind. Die verlorengegangene »kindliche Unschuld« ist natürlich ein Hinweis auf den biblischen Topos, nämlich die Vertreibung aus dem Paradies, die ja ihre Begründung durch das Essen vom Baum der Erkenntnis, also durch wissenschaftliche Neugierde, hat. Die »unschuldige Schönheit«, die durch die Quantenphysik verloren geht, wird, dem englischen Physiker Paul Adrien Maurice Dirac zufolge, einem der wichtigsten Theoretiker der Quantenphysik, gerade durch die Relativitätstheorie wieder eingeführt: »Was die Relativitätstheorie für die Physiker so anziehend macht, ist ihre große mathematische Schönheit. Diese Eigenschaft läßt sich nicht definieren, Menschen, die etwas von Mathematik verstehen, wissen sie jedoch ohne Schwierigkeit zu schätzen. Die Relativitätstheorie führt in einem nie dagewesenen Maße mathematische Schönheit ein.«[15] Dirac war von der mathematischen Schönheit physikalischer Theorien fasziniert, die er für den größten Teil seines Werks zu seinem Leitmotiv machte. Er ging von einer Harmonie zwischen den fundamentalen Naturgesetzen und den theoretischen Formulierungen aus, die sich in mathematischer Eleganz ausdrückt. Der Königsweg der theoretischen Physik war für ihn die Bemühung, die fundamentalen Gesetze der Natur in mathematisch schöner Form auszudrükken. In der wissenschaftlichen Zeitschrift *Physics today* schrieb er 1970: »Eine Theorie von mathematischer Schönheit ist mit größerer Wahrscheinlichkeit richtiger als eine häßliche, die auf ein paar experimentelle Daten paßt.«

Albert Einstein selber ergänzt, wenn er von seiner Relativitätstheorie spricht, daß »wohl niemand, der die Theorie ganz verstanden hat, sich ihrem Zauber entziehen«[16] kann. Mit dem Zauber, dem sich niemand entziehen kann, identifizierte er Schönheit und Ewigkeit der Naturgesetze, die gesetzliche Harmonie des Seienden, die schon Leibniz als prästabilierte Harmonie erkannt hat. Auf die telegrafische Anfrage eines New Yorker Rabbi, ob er an Gott glaube, äußerte Einstein sich mit der intellektuellen Distanz eines naturforschenden Atheisten: »Ich glaube an Spinozas Gott, der sich in der gesetzlichen Harmonie des Seienden offenbart, nicht an einen Gott, der sich mit dem Schicksal und den Handlungen der Menschen abgibt.« Nach Ansicht des altgriechischen Philosophen Epikur existieren die Götter in den Intermundien, den Zwischenräumen der

Welten; sie haben weder auf die Entwicklung des Weltalls noch auf das Leben des Menschen irgendwelchen Einfluß.

Paul Dirac verband in den zwanziger Jahren des letzten Jahrhunderts die junge Quantenmechanik mit der nur geringfügig älteren Speziellen Relativitätstheorie und stieß dabei auf eine Formel für Elementarteilchen mit zwei Lösungen entgegengesetzten Vorzeichens. Da er fest an die durchgängig mathematische Erfaßbarkeit und Deutung der physikalischen Wirklichkeit glaubte, die von Relativitäts- und Quantentheorie beschrieben wird, hielt er 1928 die zwei mathematischen Lösungen für die bekannten physikalischen Elementarteilchen und für ihr Gegenteil, die von ihm daraufhin postulierten Antiteilchen. Das erste dieser postulierten Teilchen, das Antiteilchen zum Elektron, das Positron, entdeckte bereits wenige Jahre später, 1933, der amerikanische Physiker Carl David Anderson in der kosmischen Höhenstrahlung. In den folgenden Jahren wurde zu jedem bekannten Teilchen das entsprechende Antiteilchen entdeckt. Inzwischen sind die Antiteilchen in das vollständige System der Teilchenphysik als unerläßliche Bestandteile integriert. Allerdings erweisen sich die ausgesprochen seltenen Antiteilchen deshalb als extrem kurzlebig, weil sie sofort mit ihren »normalen« Teilchenpartnern anihilieren, sich gegenseitig vernichten. Es scheint aber auch keine größere Ansammlung von Antiteilchen, also Antimaterie, im Universum zu geben. Sämtliche Antiteilchen sind offenbar im Schöpfungsgeschehen des Urknalls vernichtet worden. Es muß damals eine geringfügig größere Menge an Teilchen, eine »Verunreinigung« sozusagen, im Verhältnis zu Antiteilchen gegeben haben. Dieser Asymmetrie – oder dem Symmetriebruch –, diesem »Versagen der antiseptischen Vorsichtsmaßnahmen«, wie es Sir Arthur Eddington im Kapitel über »Harmoniebrechung als Weltschöpfung« genannt hat, verdanken wir unser Universum. Einer fernen Galaxie von Antimaterie würde man dies aber nicht anmerken, da die Photonen, die von ihr zu uns gelangen, nicht zwischen Materie und Antimaterie unterscheiden. Die Lichtteilchen waren schon immer etwas Besonderes: Sie besitzen ein ewiges Leben, sind masselos, bewegen sich mit Lichtgeschwindigkeit, und dann sind sie auch noch ihre eigenen Antiteilchen. In der Quantenelektrodynamik haben sie überdies noch die Funktion von ausschließlich virtuellen Teilchen. Die Dialektik von Teilchen und Antiteilchen ergänzte eben auch im ästhetischen Sinne die philosophischen Grundzüge menschlichen Denkens: die bekannten Antinomien von gut und böse, schön und häßlich, plus und minus. Die ästhetischen Implikationen der modernen Naturwissenschaft führten nicht nur zum besseren Verständnis der bekannten physikalischen Tatsachen, sie wiesen auch auf noch unbekannte hin.

Ein Denker wie Einstein kam bei eigenen theoretischen Überlegungen, aber auch bei der Beurteilung anderer Forscherpersönlichkeiten immer wieder auf ästhetische und künstlerische Elemente in der naturwissenschaftlichen Forschung zurück. In einer kurzen Charakteristik, die er 1953 über Lorentz im Auftrage eines holländischen Museums mit dem »schönen« Namen »Rijksmuseum Voor De Geschiedenis der Natuurwetenschappen«, »Reichsmuseum für die Geschichte der Naturwissenschaften«, schrieb, heißt es: »Es ist ein Werk von solcher Folgerichtigkeit, Klarheit und Schönheit, wie sie in einer auf Empirie gegründeten Wissenschaft nur selten erreicht wurde. Alles, was von diesem überragenden Geiste kam, war klar und schön wie ein gutes Kunstwerk. Bei aller Hingabe an die wissenschaftliche Erkenntnis war er doch davon durchdrungen, daß unser Verstehen nicht gar tief in das Wesen der Dinge einzudringen vermöge. Diese halb skeptische, halb demütige

Einstellung wußte ich erst in meinen späteren Jahren voll zu würdigen.«[17]

Einstein spricht, immer wieder ästhetische Begriffe und Argumente anführend, wörtlich vom »Kunstwerk« in den abstraktesten Teilen der physikalischen Naturbeschreibung. Immerhin geht es um Elektrodynamik und Lorentz-Transformationen, fundamentale Erkenntnisse der Physik des 19. Jahrhunderts und die Grundlagen für Einsteins eigene Forschungsarbeit, die zur Relativitätstheorie führte. Es ist hier nicht der Ort, den Formelapparat der Theorie von Lorentz näher darzustellen; aber das Kunstwerk in diesen Gedankenführungen kann nur erkennen, wer in die mathematische Wissenschaft eingeweiht ist: den säkularisierten Hohepriester der modernen Naturwissenschaften. Die Laienbrüder können diese Darstellung nur gläubig akzeptieren. Auch die demütige Einstellung des Gläubigen, nicht tief genug in das Wesen der Dinge eindringen zu können, klingt bei den Naturwissenschaftlern immer wieder durch.

Die ästhetischen und religiösen Argumente bei Heisenberg und Einstein werden auch keineswegs im Sinne einer Kritik der jeweils herrschenden religionsfernen oder religionslosen Zeit gebraucht, sondern ganz im Sinne einer prinzipiellen Einstellung, die zwischen ästhetischen, religiösen und naturwissenschaftlichen Deutungen der Welt eben nicht mehr streng unterscheidet. Die ästhetischen Implikationen zeugen von einer im weitesten Sinne religiösen Befangenheit der Naturwissenschaftler. Max Planck schreibt in einem Aufsatz, *Naturwissenschaft und Religion*, von 1937 – also in den Jahren der nationalsozialistischen Herrschaft – versteckt kritisch über die »Gottesferne« der Zeit: »Wer es also mit seinem Glauben wirklich ernst nimmt und es nicht ertragen kann, wenn dieser mit seinem Wissen in Widerspruch gerät, der steht vor der Gewissensfrage, ob er sich überhaupt noch ehrlich zu einer Religionsgemeinschaft zählen darf, welche in ihrem Bekenntnis den Glauben an Naturwunder einschließt.«[18]

Ähnliche Gedanken äußert der Physiker und Philosoph Carl Friedrich von Weizsäcker:»Der Gläubige, der Zweifler, der Träumer, der Eiferer, der Pedant haben je ihre eigene Weise der Antwort auf die Fragen der Wissenschaft. Der Mensch sucht in die sachliche Wahrheit der Natur einzudringen, aber in ihrem letzten, unfaßbaren Hintergrund sieht er wie in einem Spiegel unvermutet sich selbst. Der Spiegel belehrt uns nicht nur über unsere Individualität, sondern auch über die unbewußten Voraussetzungen unseres Zeitalters.«[19] Von Weizsäckers »unbewußte Voraussetzungen unseres Zeitalters« haben wir, wie in der Einleitung zitiert, bei einem anderen Physiker des 20. Jahrhunderts, Werner Heisenberg, angetroffen. Wie wir gesehen haben, reichen diese »unbewußten Voraussetzungen« durchaus in die Antike zurück. So war der Gedanke eines Anfangs der Welt, dazu noch aus dem Nichts, in nachantiken Zeiten manchen Naturforschern so fremd, daß sie sich bemühten, ihn zu vermeiden; sie gingen von einem stationären Zustand aus. Das ist aber unter den gegebenen Erkenntnissen ohne die Annahme einer dauernden Urzeugung von Materie aus dem Nichts unmöglich. Diese Theorien basieren auf der Annahme, daß durch ständige Neuschöpfung von Wasserstoff ein stationärer Zustand der Welt gehalten werden kann, und gelten als Gegenstück des Urknalls, als »steady state«.

Nachdem die Theologen über Jahrhunderte die unveränderliche Dauer des Universums als Argument für die göttliche Schöpfung angesehen haben, finden sich jetzt immer mehr, die eine Kosmologie begrüßen, bei der die Welt einen Anfang hat, da dieser ebenso als Argument für einen göttlichen Schöpfungsakt gedeutet werden kann. Noch im Jahre 1999 schreibt der Hochenergiephysiker Hans Graßmann in einem populärwissenschaftlichen Physikbuch: »Es ist das Gefühl, das sagt, ob eine Formel schön ist. Nur die schönen Formeln stellen sich als richtig heraus. Denn da, wo selbst der angebliche Widerspruch zwischen Verstand und Gefühl sich auflöst, wird auch die Rolle der Kunst verständlich.«[20] Dieser Satz könnte auch aus Platons *Timaios* stammen. Verstand und Gefühl, Wissenschaft und Ästhetik sind ineinander aufgehoben: die Kunst in der Wissenschaft und die Wissenschaft in der Kunst.

Wir übersehen heute leicht, daß auch dem kopernikanischen Weltbild, Ursprung der Moderne, zunächst nur ein ästhetisches Argument zugrunde lag und eben keineswegs ein naturwissenschaftlich-experimenteller Beweis. Die Annahme, daß die Sonne und nicht die Erde der Mittelpunkt des Sonnensystems ist, erfolgte zu Kopernikus' Zeiten nicht durch einen direkten Nachweis der Bewegung der Erde um die Sonne, sondern einzig auf der Grundlage eines ästhetischen Arguments. Die Positionierung der Sonne in den Mittelpunkt des Systems befreite von den »nichtästhetischen« schlingernden Nebenbewegungen, den Epizykeln, ohne die das ptolemäisch-geozentrische Weltbild nicht auskam, das die Erde nicht nur als Mittelpunkt des Sonnensystems, sondern des ganzen Universums ansah. Die geometrische Darstellung des Kopernikus entsprach dem ästhetischen Empfinden der kritischen Astronomen mehr als das weniger ästhetische Modell des Ptolemäus. Obwohl das nach ihm benannte antike und mittelalterliche Weltsystem bereits eine Menge von exakten Tatsachen über die Bewegung der Sonne, des Mondes und der Planeten kannte und sie theoretisch mit beträchtlichem Erfolg bewältigte, hielt es doch an der absolut ruhenden Erde im Mittelpunkt des Weltsystems fest. Kopernikus' Leistung ist der Nachweis, daß bei seiner Annahme der Anblick des Himmels all jene Erscheinungen zeigen muß, die das überlieferte Weltsystem nur durch verwickelte und künstliche Hypothesen erklären konnte. Der Wechsel von Tag und Nacht, die Jahreszeiten, die Erscheinungen der Mondphasen, die verschlungenen Planetenbahnen, alles wird plötzlich durchsichtig, verständlich und relativ einfachen Berechnungen zugänglich. Daß sich eine ästhetische Weltempfindung gerade in der Renaissance, in Zeiten der Wiederentdeckung der Antike, durchsetzte, wundert uns nach den oben zitierten Stellen von Platon nicht mehr. Angeregt durch ungenaue antike Überlieferungen, erschien Kopernikus' vorläufiger Bericht über die neue Weltdeutung in dem 1514 verfaßten *Commentariolus*. Es war aber, noch einmal, zunächst das subjektive ästhetische Empfinden und nicht der objektive Beweis, der zum sogenannten kopernikanischen Weltbild führte. Die astronomischen Voraussagen konnten mit dem alten System ebenso gut getroffen werden. Das alte ptolemäische System konnte eine Finsternis und Planetenkonstellationen mit derselben Präzision bestimmen wie das revolutionär neue System des Kopernikus.

Bei der für das damalige Verständnis ungeheuren Entfernung der Erde von der Sonne, die man durch trigonometrische Untersuchungen relativ genau ermitteln konnte, mußte sich die Erde während eines Halbjahres von einem Punkt der Kreisbahn um die Sonne zum gegenüberliegenden bewegt haben. Bei einer mittleren Entfernung der Erde von der Sonne von 150 Millionen Kilometern bedeutete das, daß die Erde sich während dieser Zeit um 300 Millionen Kilometer weiterbewegt haben mußte. Aus diesen astronomischen Gegebenheiten ergaben sich, das heliozentrische Weltbild zugrunde gelegt, zwei entscheidende Konsequenzen: Einmal sollte die unvorstellbare Geschwindigkeit bemerkbar sein, mit der die Erde durch das Weltall saust, zum anderen die Ortsveränderung nach einem

Halbjahr. Wir bemerken aber weder den Fahrtwind, der bei einer Geschwindigkeit von 36 000 Kilometer pro Stunde auftreten müßte, noch ließ sich gegenüber den Fixsternen eine Ortsveränderung, die sogenannte Fixsternparallaxe, nachweisen. Kurzum, es gab weder zur Zeit des Kopernikus noch einige Jahrhunderte später einen direkten Beweis für die Bewegung der Erde um die Sonne. Carl Friedrich von Weizsäcker sagt in diesem Zusammenhang: »Das astronomische Argument für Kopernikus war die höhere geometrische und dynamische Plausibilität seines Modells.«[21] Geometrische und dynamische Plausibilität ist aber ein subjektiv ästhetisches, kein vornehmlich wissenschaftliches Argument. Das neue Weltbild brachte die Erde und den Menschen auch noch um die zentrale »göttliche« Stellung innerhalb des Universums. Und dennoch führte das nicht zu ernsthaften Schwierigkeiten bei den christlich abendländischen Astronomen.[22] Die Unvollkommenheiten, die das kopernikanische System noch aufwies, wurden durch die Keplerschen Gesetze beseitigt. Johannes Kepler konnte aber, wie bereits erwähnt, keinen direkten Beweis für die Bewegung der Erde und damit für die Richtigkeit des heliozentrischen Systems erbringen.

Einen indirekten Hinweis auf die Bewegung der Erde erbrachte der englische Pfarrer und Astronom James Bradley im Jahre 1728 durch die Entdeckung der Aberration der Fixsterne. Bei seinen über viele Jahre sich erstreckenden Versuchen, die Parallaxe eines bestimmten Fixsternes zu messen, entdeckte er die Aberration. Kopernikus war Kanzler des Domkapitels zu Frauenburg und Bistumsverweser von Ermland und dazu, worauf die Maiglöckchen in einem anonymen Holzschnitt hinweisen, auch noch ein bedeutender Arzt. James Bradley war Pfarrer und Astronom in einer Person. Der Universalgelehrte John Michell schließlich, dem wir die Erstbeschreibung eines

Schwarzen Loches verdanken, war Pfarrer in Thornhill in Yorkshire und beschäftigte sich gleichzeitig mit Experimentalphysik und Doppelsternsystemen. Die Aufzählung legt nahe, daß die Trennung in die einzelnen Wissensbereiche unserer Zeit, besonders die zwischen Natur- und Geisteswissenschaften, eine relativ willkürliche ist.

Die erste sichere Parallaxenbestimmung eines Fixsterns, und damit der erste direkte Beweis für die Bewegung der Erde, gelang dem in Minden geborenen Astronom Friedrich Wilhelm Bessel im Jahre 1838 in Königsberg. Er bestimmte als erster die Parallaxe des Sterns 61 Cygni im Sternbild des Schwans und lieferte damit den unmittelbaren Beweis für die Richtigkeit der kopernikanischen Lehre, allerdings erst mehr als 300 Jahre nach der ersten Formulierung im Jahre 1514. Selbstverständlich haben ästhetische Überlegungen – fast könnte man sagen: Unterstellungen – nichts mit Natur oder abstrakter Mathematik zu tun. Sie reflektieren in einer, wie ich meine, sehr schmeichelhaften Weise die angenehme menschliche »Schwäche«, Schönheit für eine wichtige Eigenschaft zu halten. Ob eine Sache einen bestimmten ästhetischen Reiz hat oder nicht, bedeutet ja zunächst überhaupt keinen Vorteil. Dieser Reiz scheint nur die Befriedigung eines Seelenzustandes zu sein. Die höhere Abkunft des menschlichen Schönheitsempfindens läßt sich gut am Beispiel der Darwinschen Abstammungslehre zeigen, die ja ihrerseits wenig mit Ästhetik anfangen kann, da es ihr primär um Vorteile an Zahl, Überlegenheiten und Stärke, um das Überleben der besser Angepaßten geht, nicht der Schöneren.

Abstrakte mathematische Formeln der Relativitäts- und der Quantentheorie führen, wie schon bei Platon und Kopernikus, ästhetische Argumente in die leblose Welt ein. Die alles erklärende, allem zugrundeliegende Weltformel krönt die objektive

Naturwissenschaft mit einem unübersehbaren Schönheits-ideal. Wenn die Schönheit zunächst eine Erfindung des Men-schen allein ist, wie sehen dann diese Überlegungen für die be-lebte Welt, für die Biologie aus?

Schönheitsmerkmale wurden für Darwin zum Problem, weil sie vordergründig nichts Vorteilhaftes für die Evolution bei-steuern. Der empirische Forscher und Evolutionstheoretiker Darwin äußerte daher, »der Anblick einer Feder im Schwanz eines Pfauen, wann immer ich ihn gewahr werde, macht mich krank«.[23] Für einen Evolutionsbiologen ist der Pfauenschwanz ein extravagantes, bizarres, übertriebenes Ornament, ohne den geringsten Nutzen für seinen Träger. Aber gleichwohl sind Pfauenschwänze im »Königreich der Tiere«, wie Darwin es liebevoll bezeichnete, ein häufiges Merkmal. In jeder Spezies, besonders unter Vögeln und Insekten, sind die Weibchen öko-nomischer, gleichsam evolutionsfreundlicher gekleidet als die prächtig geschmückten Männchen.

Darwins Problem war die Frage, welchen Nutzen der Pfauen-schwanz in der Evolution hat. Was bewirkt er im »Kampf ums Dasein«, im »Überleben der Angepaßtesten«? Mit der natürli-chen Auslese war diese offensichtlich »unsinnige« Schönheit nicht zu erklären. Darwins Lösung war die Theorie der sexuel-len Auslese. Er dachte, der männliche Schmuck diene lediglich dem Umstand, daß die Weibchen die schöneren Männchen bevorzugen. Dies würde den schönen Männchen eine größere Nachkommenschaft sichern. Doch wies schon der Mitentdek-ker der Darwinschen Evolutionstheorie, der englische Zoologe Alfred Russel Wallace, auf den Umstand hin, daß die weibliche Wahl eine ästhetische Kraft voraussetze, die nur dem Men-schen eigen sei. Solche raffinierten ästhetischen Unterschei-dungen traute er nicht einmal den sehr engen Verwandten des Menschen zu, noch weniger Fischen, Insekten oder gar den

Schmetterlingen, auf die Darwin seine Argumente für die sexuelle Auslese stützte.

Ästhetik setzt bestimmte Ideale voraus, aber diese Ideale entstehen durch einen intellektuellen Akt, eine Vorstellung von Schönheit, die nur dem Menschen eigen ist. Auch Darwin kommt an dieser Irrationalität seiner Argumentation für das Tierreich nicht vorbei. Schließlich versteigt sich Darwin an diesem Punkt zentraler Ästhetik in tautologischer Argumentation dahingehend, daß »eine große Anzahl männlicher Tiere« schön gemacht sei, »allein um der Schönheit willen; die raffinierteste Schönheit dient als Charme für das Weibchen und hat keinen anderen Nutzen«.[24] Reine Ästhetik und Schönheit findet sich auch, losgelöst von allem vordergründigen Nutzen, im Tierreich.

Der Diskurs über die Ästhetik durchzieht die biologische Forschung auch noch in der Mitte des 20. Jahrhunderts, zu einer Zeit, in der durch die Entschlüsselung des genetischen Materials Darwin auch auf der Ebene der Vererbungsmoleküle bestätigt werden sollte. James Watson, einer der beiden Entdecker der Struktur des Erbmoleküls, schwärmt in seinem Buch *Die Doppelhelix*, das die Geschichte dieser wissenschaftlichen Entdeckung wie ein Krimi beschreibt, von der Schönheit des DNS-Moleküls und dem »unerwartet anmutigen Charakter des Resultats«.[25] Das Buch von Werner Heisenberg, *Die Bedeutung des Schönen in den exakten Naturwissenschaften*, 1971, enthält drei Farblithographien von Max Ernst. Schließlich veröffentlicht der amerikanische Physiker Brian Greene, der einige grundlegende Entdeckungen zur Superstring-Theorie gemacht hat, 1999 ein Buch, das die Ästhetik im Titel enthält: *The elegant Universe*. Friedrich Nietzsche spricht davon, daß »nur als ästhetisches Phänomen das Dasein der Welt gerechfertigt ist«.[26] Für unsere Betrachtung, die eine Relation zwischen Wagners Kunstmythos und Naturwissenschaft herstellt, erscheint es nicht ohne besonderen Reiz zu erwähnen, daß diese Feststellung Nietzsches aus *Die Geburt der Tragödie aus dem Geiste der Musik* von 1872 stammt und Richard Wagner gewidmet ist.

1975 sagte der indisch-englische Astrophysiker Subrahmanyan Chandrasekhar in einer Vorlesung über Schwarze Löcher: »In meinem ganzen wissenschaftlichen Leben hat mich keine Erfahrung stärker erschüttert als die Erkenntnis, daß eine exakte Lösung der Einsteinschen Gleichungen der Allgemeinen Relativitätstheorie die absolut genaue Darstellung unzählig vieler massereicher Schwarzer Löcher liefert, die das Weltall bevölkern. Dieses Erschauern vor dem Schönen, diese unglaubliche Tatsache, daß eine von der Suche nach dem Schönen in der Mathematik motivierte Entdeckung eine genaue Entsprechung in der Natur hat, veranlaßt mich zu sagen, Schönheit sei das, worauf der menschliche Geist am tiefsten reagiert.«[27]

## Geschichte in der Naturwissenschaft

Jahrtausende galt in der Astronomie das Firmament, das »Feststehende«, als das einzig Unveränderliche im Universum. Der Gedanke einer Geschichtlichkeit der Natur – mit stetigen Veränderungen des Naturganzen und einer Entstehung sowie einem Ende in der Zeit – ist ein relativ neuer Aspekt in der Naturphilosophie. So spricht Schelling 1799, exakt an der Wende des 18. zum 19. Jahrhundert, davon, daß »die Theorie des Weltursprungs zugleich ein Leitfaden für die ganze Geschichte des Universums, für die Geschichte seines Fortgangs und seines allmählichen Verfalls ist«.[1] Wir sind demselben Gedanken schon einmal bei Arthur Schopenhauer und bei Richard Wagner begegnet. Daß der Himmel ständigen Veränderungen unterworfen sein könnte, mußte der antiken Welt und früheren Jahrhunderten ungeheuerlich erscheinen. Allein aus Überlegungen, welche die Thermodynamik betrafen, ging hervor, daß es ein Werden und Vergehen der Himmelskörper zwingend geben muß. Von der Energiemenge, die an einem klaren Sommertag in jeder Minute auf einen Quadratmeter Erdoberfläche fällt, läßt sich leicht auf die Gesamtmenge der Energie schließen, die von der Sonne in jeder Minute produziert werden muß. Daraus leitet sich die Menge an Wasserstoff ab, der in Helium verwandelt wird. Da die Wasserstoffmenge jedes Sterns leicht bestimmt werden kann und selbstverständlich nicht unendlich groß ist, kann ein Stern wie unsere Sonne nicht von Ewigkeit her gestrahlt haben und wird ebenso in berechenbarer Zeit erlöschen. Die Thermodynamik schreibt den Himmelskörpern und allen Lebewesen eine individuelle Geschichte mit Werden und Vergehen, Geburt und Tod vor.

Einer Welt, die ständiger Bewegung ausgesetzt ist, kommen naturwissenschaftliche Erkenntnisse, die ebenfalls eine ständige Bewegung, ein Werden und Vergehen von Sternen, ja, des gesamten Universums selber nahelegen, im Sinne eines Zeitgeistes entgegen. Das Unstete, rasant sich Verändernde, prägt unser Zeitverständnis. Jeder Zeitgeist hat seine Naturwissenschaft, und jede Naturwissenschaft prägt auch den Zeitgeist. Wie tief dieser Gedanke der Geschichtlichkeit und Vergänglichkeit auch die nüchtern erscheinende Weltdeutung der Kosmologen und Astrophysiker durchzieht, wurde gleich zu Beginn eines Kongresses deutlich, der 1996 auf Gran Canaria stattfand. Hier trafen sich die bedeutendsten Wissenschaftler der beiden Fachrichtungen, um einen Überblick zu geben und die noch offenen Fragen des nächsten Jahrhunderts zu umreißen. Daß es um nichts Geringeres als um »Weltdeutung«, um das Welt-Ganze ging, machte das Motto des Kongresses deutlich: *The Universe at large.* Im Anschluß an den ersten Vortrag von Allan Sandage, dem langjährigen Direktor des Mt. Palomar-Observatoriums und Nachfolger von Edwin Hubble, fragte der russische Astrophysiker Igor Novikov, Direktor des Zentrums für theoretische Astrophysik in Kopenhagen: »Was war vor dem Beginn der Expansion des Universums? Was ist die Zukunft des Universums?« Seine Frage beantwortete er selber: »Ich glaube, die Zukunft ist wichtiger für jeden von uns und für das Universum selber als die Vergangenheit. Ich persönlich glaube, daß die Zukunft mit den heutigen Ereignissen enger verbunden ist, als man dachte.«[2]

Hier verbindet ein Naturwissenschaftler die geschichtliche Zukunft des Universums, die in Milliarden-Jahre-Einheiten gemessen wird, mit der geschichtlichen Gegenwart des Menschen, die allenfalls in Jahrhunderten gemessen wird. Die Antwort reflektiert eine höchst subjektive Befangenheit, die durch die Verbindung von menschlicher und kosmischer Geschichte einen Mythos in unserer Zeit beschreibt, ohne ihn eigens so zu nennen. Novikov hat wichtige Arbeiten über die Natur und das Auffinden von Schwarzen Löchern verfaßt. In unserem Zusammenhang erwähnenswert ist aber die Tatsache, daß er ernsthaft der Frage nachgeht, ob die Gesetze der Physik es erlauben, Zeitmaschinen zu konstruieren. Ein literarischer Traum, den der englische Schriftsteller Herbert George Wells 1895 unter dem Titel *The time machine* veröffentlichte. Eine Maschine, die es uns erlaubte, in die Zeit vor unserer Geburt zurückzugehen, wäre in der Tat eine Herausforderung für den zweiten Hauptsatz der Thermodynamik, der die Geschichtlichkeit der

Zeit in eine Richtung vorschreibt. Die Physiker, allen voran Stephen Hawking, haben daher alles daran gesetzt zu zeigen, daß die Gesetze der Physik eine Zeitmaschine verbieten. Sie nennen das »chronology protection conjecture«, zu deutsch etwa: »Schutzverordnung für den Ablauf der Zeit«. Diese thermodynamisch begründete, zutiefst menschliche Kategorie eines fixierten Zeitverlaufs in eine vorgegebene Richtung, der Geschichte erst möglich macht, erscheint den Physikern so bedeutend, daß, wenn sie schon kein Gesetz dafür finden können, sie eine verständliche Mutmaßung darüber aufstellen, »um die Welt für Historiker sicher zu machen«[3], wie Hawking ironisch bemerkte. Diese sogenannte »Zeitschutzverordnung« schützt uns auch vor Touristen aus der Zukunft. »Die Zeitordnung könnte umgedreht werden, wenn es Signale gäbe, deren Ausbreitungsgeschwindigkeit größer ist als die Lichtgeschwindigkeit. Niemand hat aber bisher beobachtet, daß die Vergangenheit zur Zukunft werden kann. Einstein forderte zur Aufrechterhaltung der Kausalität, daß es keine Signale mit Überlichtgeschwindigkeit geben darf. Bisher ist kein solches beobachtet worden, auch wenn in der Tagespresse infolge eines Mißverständnisses schon von der Übertragung einer Mozart-Symphonie mit Überlichtgeschwindigkeit die Rede war.«[4]

Die Beispiele zeigen, wie sehr menschliche Gefühle und Erwartungen im Zusammenhang mit entwicklungsmäßigen Zeitabläufen auch nüchterne, in der stalinistischen Sowjetunion erzogene Wissenschaftler prägen. Sie denken nicht anders als Einstein, Kopernikus oder Platon vor ihnen. Die moderne Naturwissenschaft ist am Ende des zweiten Jahrtausends zurückgekehrt zu einer ganzheitlichen Betrachtungsweise des Universums. Ästhetische und geschichtliche Argumente gewinnen eine unerwartete Bedeutung. Die Nähe zum Mythos ist evident.

Die Vorstellung von der Geschichtlichkeit der Natur ist zurückzuführen auf den zweiten Hauptsatz der Thermodynamik, den der österreichische Physiker Ludwig Boltzmann im 19. Jahrhundert gegen den erbitterten Widerstand vieler Kollegen entwickelte. Der zweite Hauptsatz schreibt den Naturerscheinungen einen irreversiblen zeitlichen Verlauf vor und führt eine Evolution von einem Urbeginn zu einem Ende in die naturwissenschaftliche Betrachtung ein. Damit erhält auch die Natur eine Geschichte im Sinne einer Evolution, von einem Uranfang in der Zeit zu einem Ende hin. Ewig und unveränderlich in diesem Sinne sind nicht die Erscheinungsformen der Natur, sondern das mathematische Gesetz, die Idee im platonischen Sinne, die ihnen zugrunde liegt. Dieser Gedanke bildet das Fundament der Relativitätstheorie.

Es wird zu wenig beachtet, daß der grundlegende Gedanke der Relativitätstheorie eben nicht die Aussage ist, alles – oder alle Bewegung – sei relativ. Albert Einstein ging vielmehr von zwei revolutionären Annahmen aus: daß die Naturgesetze in allen Systemen, wie sie sich auch zueinander bewegen mögen, absolut konstant seien und daß die Lichtgeschwindigkeit in allen Systemen immer gleich ist. Dieser Gedanke war schon deshalb kühn und revolutionär, weil die experimentelle Beweislage zu Beginn des 20. Jahrhunderts relativ dürftig war und Einstein an die Richtigkeit seiner Thesen eher glaubte, als daß er sie beweisen konnte. Auch das machte ihn zum zweiten Kopernikus, der ebenfalls keine unmittelbaren Beweise gehabt hatte. In diesem Zusammenhang und zu diesem Zeitpunkt konnte man durchaus vom Mythos einer Konstanz der Lichtgeschwindigkeit und der Naturgesetze sprechen. Es war eher der Glaube an eine Idee im platonischen Sinne als eine Erkenntnis, die von den experimentellen Resultaten zwingend nahegelegt wurde.

Die Geschichte der Natur zeigt die Unveränderlichkeit der Naturgesetze. Der zweite Hauptsatz der Thermodynamik legt, wie wir gesehen haben, ein Ende aller physikalischen Vorgänge zwingend nahe, allerdings unter der Voraussetzung, daß die Naturgesetze während der gesamten Zeit konstant geblieben sind und konstant bleiben werden. Da es zu diesem Ende aller physikalischen Vorgänge noch nicht gekommen ist, muß es einen Uranfang in der Zeit gegeben haben. Die thermodynamische Evolution bestimmt einen Uranfang in der Zeit und eine Entwicklung auf ein Ende zu. Georges Lemaître verbindet sogar die Zeit vor dem Urknall mit unvorstellbarer Schönheit: »Am Anfang von allem gab es ein Feuerwerk von unvorstellbarer Größe. Dann kam die Explosion, und der Himmel füllte sich mit Rauch. Wir sind zu spät gekommen und können uns den verschwundenen Glanz des Geburtstags der Schöpfung nur noch ausmalen.«[5] Auch hier findet sich wieder im Zusammenhang mit der Evolution im Universum das Bild des Menschen als eines Spätgeborenen. Das Buch des Astronomen Sir Martin Rees aus Cambridge hat den deutschen Titel *Vor dem Anfang* und den Untertitel »Eine Geschichte des Universums«. Aber es zeigt, wie bei der Übersetzung von »big bang« in »Urknall«, die Sehnsucht nach einer Geschichtlichkeit des Universums; denn der Untertitel im deutschen mit »Geschichte des Universums« übersetzt, lautet im englischen Original: »Our Universe and Others«.

Daß wir den thermodynamischen Endzustand maximaler Entropie bei minus 273 Grad Celsius, der euphemistisch als »Wärmetod« umschrieben wird, obwohl das Universum sich in alle Ewigkeit ausdehnt und dabei kälter und leerer und absolut dunkel wird, noch nicht erreicht haben, nimmt Carl Friedrich von Weizsäcker als Beweis für die Geschichtlichkeit des Universums: »Man setzt die Geschichtlichkeit der Zeit meist so naiv voraus, daß man diese ihre Rolle in der Begründung des zweiten Hauptsatzes übersieht. Sie sehen aus dieser Betrachtung, wie wenig die Geschichtlichkeit der Zeit eine bloß subjektive Eigenschaft des menschlichen Erlebens ist. Die Betrachtung zeigt, wie wenig wir imstande sind, die Objekte der Physik ohne ihre Bezogenheit auf ein Subjekt, das sie erkennen kann, auch nur zu denken. Diese Tatsache ist uns durch die Atomphysik vertraut geworden. In Wahrheit zeigt sich eben die Unnatürlichkeit einer Schematisierung, welche, wie es die klassische Naturwissenschaft tat, Subjekt und Objekt prinzipiell trennte.«[6]

Die Geschichtlichkeit und die prinzipielle Einbindung des Subjekts in die naturwissenschaftliche Erklärung der Welt, von den Atomen bis zum ganzen Universum, sind der Beweis dafür, daß Kunstdeutung und Naturerklärung sich nicht ausschließen, sondern sich gegenseitig ergänzen. Kunstmythos oder Gesamtkunstwerk und naturwissenschaftliche Erklärung der Welt schließen einander schon deshalb nicht aus, weil sie beide ihren gemeinsamen Ursprung in der Geschichtlichkeit sehen. Das Wort Mythos bedeutet eine Geschichte, eine Erzählung. Walter Burkert spricht vom Mythos als von einem »Komplex von Erzählungen, in dem menschlich einleuchtende Schemata zu einem vielschichtigen Zeichensystem zusammentreffen, das in wechselnder Weise zur Erhellung der Wirklichkeit angewandt wird«.[7] Das gilt auch für die Naturwissenschaften. Sie sind ein umfangreicher Komplex von erklärender Naturbeschreibung, »in dem menschlich einleuchtende Schemata« (mathematisch-physikalische) »zu einem vielschichtigen Zeichensystem zusammentreffen, das in wechselnder Weise zur Erhellung der Wirklichkeit angewandt wird«. Daß wir heute diesen mythischen Bezug nicht mehr sehen, liegt an der weitgehend auf materiellen Wohlstand orientierten Nützlichkeitsbetrachtung von Naturwissenschaft und Technik. Sie hat ihre Qualität als Naturphilosophie verloren. Die platonischen numinosen, von göttlichem Geist »durchwehten« Sphären sind bei Hölderlin durchgängig, bei Wagner teilweise und bei Planck, Einstein und Heisenberg noch marginal zu erkennen. Der französische Archäologe Marie-Joseph Steve schreibt, daß »die vorgeschichtliche Menschheit in einer organischen Verbindung mit den Mythen, die ihre Beziehungen mit dem Weltall und mit dem Unsichtbaren zum Ausdruck bringen«[8], lebte. An dieser Einschätzung hat sich bis in die Geschichte der modernen Menschheit und Naturwissenschaft nichts geändert. Astronomie, Astrophysik und Kosmologie blicken ins Weltall, Atom- und Hochenergiephysik erforschen das Unsichtbare, Genetik und Molekularbiologie erklären die belebte Welt. Die Beziehung zum Weltall und zum Unsichtbaren hat im 20. Jahrhundert in den Gedankengebäuden von Relativitäts- und Quantentheorie ihren umfassenden modernen Ausdruck gefunden. Ein gewaltiger historischer Bogen verbindet den Anfang der erwachenden Menschheit mit der Welt des neuen Jahrtausends.

Das naturwissenschaftliche Element im frühen Mythos und das mythische Element in den späten Naturwissenschaften haben wir, durch die beschriebene cartesianische Teilung, zwischenzeitlich aus den Augen verloren. Die Menschheitsgeschichte ist aber auf die schöpferische Zusammenschau angewiesen. In der gesamten Schöpfung gibt es nur ein Wesen, das sich über sein Woher und Wohin Gedanken macht. An den Grenzen der Zeit, der tiefen Vergangenheit und der fernen Zukunft, ergeben sich für den Menschen Hinweise auf göttlich-religiöse Berührungspunkte, die im weitesten Sinne als Mythos bezeichnet werden können. Dieses fundamentale »metaphysische Bedürfnis« haben die Naturwissenschaften in den letzten

500 Jahren des vergangenen Jahrtausends zu überwinden versucht. Im guten Glauben sollten und wollten sie den Menschen aus den Zwängen kirchlicher Dogmen und den Fesseln der Autoritäten befreien, die man eines freien, denkenden Menschen als unwürdig erachtete. Die mechanistisch-kausale Welterklärung kam diesem Bedürfnis entgegen. Sie kulminierte zu Anfang des 19. Jahrhunderts in der Einstellung des französischen Physikers, Mathematikers und Astronomen Pierre Simon de Laplace. Auf Napoleons Frage, welche Rolle denn Gott in seinem System zukomme, antwortete er: »Auf diese Hypothese, Sire, konnte ich verzichten!« Hingegen war Thomas von Aquin, dessen Lehre man als den Höhepunkt der Scholastik ansehen kann, zu einem ganz anderen Schluß gekommen, der der modernen, nachmechanistischen Naturwissenschaft nähersteht. Auf die Frage, wo denn Gott bliebe, wenn alle Phänomene der Welt rational erklärt seien, antwortete der Dominikaner, daß Glaube und Vernunft eben keine Gegensätze seien, denn wenn man die Welt bis ins letzte rational erklärt habe, gelange man wieder zu Gott.

Die Entwicklung der grundlegenden Erkenntnisse der Naturforschung im 20. Jahrhundert hat bei vielen Naturwissenschaftlern konsequenterweise dazu geführt, die Trennung von »metaphysischem Bedürfnis« und naturwissenschaftlicher Welterklärung in Frage zu stellen. Als Beispiel für dieses Unbehagen sei der theoretische Physiker und Nobelpreisträger Erwin Schrödinger herangezogen. Schrödinger, der mit seiner Wellenmechanik ganz entscheidend zu einer quantenphysikalischen Erklärung der Welt beigetragen hat, erklärt, daß »ein rein verstandesmäßiges Weltbild ohne alle Metaphysik ein Unding«[9] sei. Außerdem äußert er in seinem Aufsatz *Über Metaphysik im Allgemeinen* die Ansicht, daß »das an Umfang kleinste Spezialgebiet einer beliebigen Spezialwissenschaft unter Ausschaltung jeglicher Metaphysik verständlich darzustellen«[10] ganz unmöglich sei.

Das in Schrödingers Wellenmechanik entworfene Bild der Welt kann keinen Anspruch auf Einzigartigkeit erheben. Es gibt andere Systeme mit einem leicht veränderten Ansatz, etwa von Heisenberg oder Dirac. Mit unterschiedlichen mathematischen Ansätzen kommen sie zu gleichen Ergebnissen, zu gleichen Beschreibungen der Wirklichkeit. Aber kein anderes bisher erdachtes System der Physik erklärt die Natur so einfach – oder scheint ihr so nahezukommen – wie die Wellenmechanik. Diese Schlichtheit der Wellenmechanik macht die Nähe zum Mythos deutlich, der sich immer um eine möglichst einfache Erklärung der Welt bemüht. Wenn man Schrödingers Wellenmechanik zusammen mit dem Welle-Teilchen-Dualismus der de Broglieschen Darstellung der Elementarteilchen sieht – die wichtigste Anregung für Schrödinger –, so scheinen gerade die Materiewellen de Broglies die äußersten und letzten Bestandteile der Welt zu sein. Der theoretische Physiker Louis-Victor de Broglie hatte 1924 in seiner Dissertation gezeigt, daß jedem Teilchen auch Welleneigenschaften zukommen. Jedes Teilchen ist zugleich auch Welle. Bei den Elektronen und Photonen ist das unübersehbar. Mal verhalten sie sich wie eine Welle, mal wie ein Teilchen, gerade so, wie man das Experiment anlegt. Es gibt nichts im Kosmos, was nicht Welle ist. Die Welle-Teilchen-Doppelnatur dieses Buches darzustellen, ist aber unmöglich, denn seine Wellenlänge ist unmeßbar klein, weil der Wert der Planck-Konstante »h«, die in die Wellengleichung eingeht, so winzig und der Energieinhalt des Buches so groß ist. Im Bauplan der Welt sind die Wellen das Äußerste und Letzte, was wir gerade noch fassen können.

Die Wellenmechanik ist, wie der Mythos, ein Bild der Welt und die ganze Welt zugleich. Das Wesentliche an diesem Bild der Welt, das die Wissenschaft entwirft, ist, daß es mathematische Bilder sind, die den Beobachtungstatsachen gerecht zu werden scheinen. Diese Bilder sind insofern Fiktionen, als durch sie zum Ausdruck kommt, daß die Naturwissenschaft nur vorläufige Antworten geben kann und nicht letzte Wahrheiten verkündet. In dem hier darzustellenden Kontext ist die hervorstechendste Leistung der Naturwissenschaft des 20. Jahrhunderts nicht die Relativitätstheorie mit ihrer Verschränkung von Raum und Zeit, nicht die Quantentheorie mit ihrer differenzierten Betrachtung des Kausalitätsgesetzes, nicht die Molekularbiologie mit ihrer grundsätzlichen Lösung der Geheimnisse lebendiger Strukturen. Es ist vielmehr die allgemeine Erkenntnis, daß wir noch nicht in Berührung mit der letzten Wirklichkeit sind. Um in Platons Gleichnis zu sprechen: Wir sind noch in der Höhle eingeschlossen, mit dem Rücken zum Licht, und können nur die Schatten an der Wand beobachten.

In der pythagoreischen Schule wurde erstmals die Verbindung zwischen Religion und Mathematik hergestellt, die seit der damaligen Zeit unseren Kulturkreis, unser Denken, stark geprägt hat. Sie geht im orphischen Kult auf die Anbetung des Dionysos zurück. Dionysos war der Gott der Ekstase und des Theaters. Die Pythagoreer des 5. Jahrhunderts v. Chr. erkannten die schöpferische Kraft mathematischer Formulierungen. Sie zeigten, übrigens am Beispiel der Musik, wieviel die Mathematik zum Verständnis der Naturerscheinungen beitragen kann. Die Verbindung zwischen Religion oder Mythos und Mathematik, die den Pythagoreern erstmals auffiel, durchzieht noch heute unsere moderne Naturwissenschaft, besonders eindrucksvoll in der Suche nach der Weltformel. Die Mathematik stellt sozusagen das göttliche Zentrum der Schöpfung dar.

Im 18. Jahrhundert war es dann Jean-Philippe Rameau als

Repräsentant des Aufklärungszeitalters, der in seiner Harmonie- und Satzlehre alle musikalischen Erscheinungen auf »Naturgegebenheiten« (Naturklangtheorie) zurückführte. Rameau führte Tonika, Dominante und Subdominante in die Musiklehre ein. Außerdem vertrat er als erster die für die Harmonielehre entscheidende These, daß die Melodie aus der Harmonie hervorgehe. Diese Verwobenheit von Mathematik und Natur mit der Musik stellt damit einen durchgängigen Topos bis in die Physik des 20. Jahrhunderts dar.

In der nach-religiösen Welt des technisierten Abendlandes muß das Auseinanderfallen von Mythos und Naturwissenschaft, von künstlerischer und naturwissenschaftlicher Welterklärung zu einem tiefgreifenden Problem werden. Auch deshalb, weil wir vergessen haben, daß Kunst und Technik wesensverwandt sind, denn Kunst wird im Griechischen mit τεχνη, eben Technik, übersetzt. Wir haben am Ende des vergangenen Jahrtausends erkennen müssen, daß unsere religiösen, philosophischen und besonders politischen Systeme allein das menschliche Zusammenleben nicht wesentlich verbessert haben. Die naturwissenschaftlich-technischen Systeme allein können ihrerseits, wie wir ebenfalls haben erkennen müssen, dieses Vakuum nicht ausfüllen. Die Welt kann nur durch Kunst und Wissenschaft gemeinsam erklärt werden. Vielleicht ist das auch der einzige Weg zu ihrer Humanisierung.

# Anmerkungen

## Einleitung

1 Heisenberg, Werner: *Physik und Philosophie*. Berlin 1959, S. 87.
2 Frank, Manfred: *Der kommende Gott. Vorlesungen über die Neue Mythologie*. Frankfurt/M. 1982, S. 218.
3 ders.: *Kaltes Herz. Unendliche Fahrt. Neue Mythologie*. Frankfurt/M. 1989, S. 93.
4 Horkheimer, Max und Theodor W. Adorno: *Dialektik der Aufklärung*. Frankfurt/M. 1973, S. 5.
5 Aristoteles: *Poetik*. Stuttgart 1999, S. 5.
6 Ebd., S. 21.
7 Duerr, Hans Peter (Hrsg.): *Der Wissenschaftler und das Irrationale*. *IV Bände*, Band III. Frankfurt/M. 1985, S. 31.
8 *Riemann Musik Lexikon*. 3 Bände. Hrsg. von Wilibald Gurlitt, Band 2. Mainz 1961, S. 879.
9 Bermbach, Udo: *Der Wahn des Gesamtkunstwerks. Richard Wagners politisch-ästhetische Utopie*. Frankfurt/M. 1994, Vorsatz.

## ERSTER TEIL: MYTHOS UND KÜNSTLERISCHE WELTDEUTUNG

### Schöpfungsmythen in der Naturwissenschaft

1 Kant, Immanuel: *Werke in sechs Bänden*, Bd. I. Wiesbaden 1960, S. 236.

2  Friedrich, Sven: *Das auratische Kunstwerk*. Tübingen 1996, S. 102.
3  Born, Max: *Die Relativitätstheorie Einsteins*. Berlin 1984, S. 4.
4  Barrow, John D.: *The Artful Universe*. Oxford 1995, S. 193.
5  Lorenz, Alfred: *Der Musikalische Aufbau des Bühnenfestspieles »Der Ring des Nibelungen«*. Tutzing 1966, S. 13.
6  Wagner, Cosima: *Die Tagebücher, Band 2*. Ediert und kommentiert von Martin Gregor-Dellin und Dietrich Mack. München 1977, S. 709.
7  Bermbach, Udo und Dieter Borchmeyer: *Richard Wagner »Der Ring des Nibelungen«*. Stuttgart 1995, S. 40.
8  »Der Geistesmächtige«. In: *Der Spiegel*, Nr. 50, 13.12.1999, S. 262.
9  Loos, Paul A.: *Richard Wagner. Vollendung und Tragik der Romantik*. München 1952, S. 486.
10  Melderis, Hans: *Der biologische Urknall*. Hamburg 1999, S. 122 ff.
11  Snow, Charles Percy: *The Two Cultures*. Cambridge 1998, S. 16.
12  Ebd., S. 18.

## Endzeit und Uranfang im Schöpfungsmythos

1  Wagner, Richard: *Sämtliche Briefe, Band I*. Leipzig 1979, S. 380.
2  ders.: *Gesammelte Schriften und Dichtungen in 10 Bänden, Band 4*. Leipzig 1871–1883, S. 114.
3  ders.: *Briefe an August Röckel*. Eingeführt durch La Mara. Leipzig 1894, S. 26.
4  Ebd., S. 36.
5  Schopenhauer, Arthur: *Sämtliche Werke in 5 Bänden, Band 2*. Leipzig o.J., S. 1271.
6  Rees, Martin: *Vor dem Anfang. Eine Geschichte des Universums*. Frankfurt/M. 1999, S. 209.
7  Ebd., S. 306f.
8  Herder zit. nach Bauer, Oswald G.: *Richard Wagner »Der Ring des Nibelungen«*. In: Bermbach/Borchmeyer, S. 87.

# Mythos, Kunst und Naturwissenschaft

1  Grassi, Ernesto: *Kunst und Mythos*. Hamburg 1957, S. 25.
2  Heisenberg: *Physik und Philosophie*, S. 54.
3  Pais, Abraham: »*Raffiniert ist der Herrgott* ...« *Albert Einstein*. Braunschweig 1986, S. 475.
4  »Symphonie der Superstrings«. In: *Der Spiegel*, Nr. 30, 26.7.1999, S. 182.
5  Kaku, Michio: *Introduction to Superstrings*. New York 1990, S. 17.
6  Peat, David F.: *Superstrings and the Search for The Theory of Everything*. Chicago 1988, S. 338. Die hier gemeinten Superstrings dürfen nicht mit den ebenfalls hypothetischen kosmischen Strings verwechselt werden, die nicht extrem kurz, sondern extrem lang sein sollen – so lang, daß sie sich über unser gesamtes Universum erstrecken.
7  Wagner, R.: *Ges. Schriften*, Band 3, S. 37.
8  Heisenberg: *Physik und Philosophie*, S. 33.
9  Barrow: *Artful Universe*, S. 44.
10  Grassi: *Kunst und Mythos*, S. 124.

# Mythos und Odem in der Musik

1  Goenner, Hubert: *Einführung in die Kosmologie*. Heidelberg 1994, S. 182.
2  *Franz Liszt – Richard Wagner. Briefwechsel*. Hrsg. und eingeleitet von Hanjo Kesting. Frankfurt/M. 1988, S. 356.
3  Wagner, R.: *Ges. Schriften*, Band 9, S. 93.
4  Ebd., S. 344.
5  ders., *Briefe an Röckel*, S. 69.
6  Mann, Thomas: *Gesammelte Werke in 13 Bänden*, Band VI. Frankfurt/M. 1974, S. 11.
7  Goethe, Johann Wolfgang von: *Gedenkausgabe der Werke, Briefe und Gespräche in 24 Bänden*. Hrsg. von Ernst Beutler, Band 11. Zürich 1977, S. 27f.
8  Nietzsche, Friedrich: *Sämtliche Werke. Kritische Studienausgabe in 15 Bänden*. Hrsg. von Giorgio Colli und Mazzino Montinari, Band 1. München 1980, S. 467.

9 Wagner, C.: *Die Tagebücher, Band 2*, S. 1113.

10 Wagner, R.: *Ges. Schriften*, Band 3, S. 290.

11 Ebd., S. 309.

12 Goethe, Johann Wolfgang von: *Goethes Werke, 14bändige Sonderausgabe*. Durchgesehen und kommentiert von Erich Trunz, Band 1. München 1999, S. 458.

13 Melderis, Hans: Tod und Unsterblichkeit. Die Identität von Leben und Tod in Richard Wagners »Tristan und Isolde«. *Programmheft Bayerische Staatsoper, Opernfestspiele 1998*, S. 40.

14 Wagner, C.: *Die Tagebücher, Band 2*, S. 1029.

15 Oberkogler, Friedrich: *Richard Wagner. Vom Ring zum Gral*. Stuttgart 1978, S. 30.

16 Glasenapp, Carl Friedrich: *Das Leben Richard Wagners in sechs Büchern*, Band VI. Leipzig 1911, S. 156.

17 Wagner, C.: *Die Tagebücher, Band 2*, S. 247.

18 Wagner, R.: *Ges. Schriften*, Band 6, S. 109.

19 *Die Walküre*. Partitur. Frankfurt/M., C. F. Peters, S. 617f
In der ersten Gesamteinspielung des *Ringes* unter Georg Solti singt Birgit Nilson »Der diese Liebe mir in's Herz gelegt«. In einer Hamburger *Walküre*-Aufführung von 1996 hörte ich erstmals eine Sängerin, deren Namen mir entfallen ist, die »in's Herz gehaucht« sang. Anlaß genug, mich mit dieser Stelle genauer auseinanderzusetzen.

20 Wagner, C.: *Die Tagebücher, Band 2*, S. 244.

21 Westernhagen, Curt von: *Die Entstehung des »Rings«*. Zürich 1973, S. 287.

22 Kesting, Jürgen: *Maria Callas*. Düsseldorf 1991, S. 47.

23 Borchmeyer, Dieter: *Goethe. Der Zeitbürger*. München 1999, S. 340.

24 Silver, Lee: »Eingriff in die Keimbahn«. In: *Der Spiegel*, Nr. 1, 3.1.2000, S. 146.

25 Wagner, R.: *Ges. Schriften*, Band 7, S. 172.

26 Hübner, Kurt: *Die Wahrheit des Mythos*. München 1985, S. 194.

27 Wagner, R.: *Ges. Schriften*, Band 4, S. 417.

28 Ebd., Band 2, S. 178.

29 Gregor-Dellin, Martin: *Richard Wagner. Sein Leben. Sein Werk. Sein Jahrhundert*. München 1980, S. 246.

30 Hanslick, Eduard: *Vom Musikalisch-Schönen*. Leipzig 1902, S. 129f.

31 Barrow: *Artful Universe*, Einleitung, S. 2.

32 Wagner, R.: *Briefe an Röckel*, S. 69.

33  Eliade, Mircea: *Kosmos und Geschichte*. Frankfurt/M. 1994, S. 31.

34  Barrow: *Artful Universe*, S. 5.

35  Roth, Gerhard: Entstehung und Funktion von Bewußtsein. In: *Deutsches Ärzteblatt* 1999; 96: A.1960. Heft 30.

36  Wagner, R.: *Ges. Schriften*, Band 4, S. 39.

ZWEITER TEIL: KOSMOLOGIE IM *RING DES NIBELUNGEN*

## Schöpfung: creatio ex nihilo

1  Hawking, Stephen: *Black Holes and Baby Universes*. London 1993, S. 160.

2  Pais: *Albert Einstein*, S. 471.

3  Newman, Ernest: *A Study of Wagner*. New York 1974, S. 205 u. 217.

4  Wagner, R.: *Ges. Schriften*, Band 3, S. 264.

5  Borchmeyer: *Goethe. Der Zeitbürger*, S. 343.

6  Lewin, Michael (Hrsg.): *Der Ring. Bayreuth 1988–1992*. Hamburg 1991.

7  Wagner, C.: *Die Tagebücher, Band 2*, S. 830f.

8  Wagner, R: *Mein Leben*, Band 2, S. 603.

9  Melderis: *Tod und Unsterblichkeit*, S. 35.

10  Wagner, R.: *Mein Leben*, Band 2, S. 548.

11  Wagner, R.: *Briefe an Röckel*, 2. Teil: *Briefe an E. Wille*, S. 48.

12  Ebd., S. 45.

13  Roth: *Entstehung und Funktion von Bewußtsein*, S. A1961.

14  Melderis: *Urknall*, 2. Teil.

15  Wagner, R.: *Mein Leben*, Band 2, S. 591f.

16  Wilde, Oscar: *Das Bildnis des Dorian Gray.* Frankfurt/M. 1985, S. 144.

17  Heisenberg, Werner: *Der Teil und das Ganze*. München 1976, S. 285.

18  Duerr, Hans-Peter (Hrsg.): *Physik und Transzendenz*. München 1986, S. 121.

19  Finscher, Ludwig: *Ansichten des Mythos*, S. 34f.

20  Ebd., S. 35.

21  Wagner, C.: *Die Tagebücher*, Band 2, S. 1113.

22  Ebd., S. 214.

23  Platon: *Sämtliche Werke, VI Bände.* Übersetzung von Friedrich Schleiermacher, hrsg. von W. Otto, E. Grassi, G. Plamböck, Band V. Reinbek bei Hamburg 1961, S. 161.

24  Rees: *Geschichte des Universums,* S. 72.

25  Wagner, R.: *Ges. Schriften,* Band 1, S. 137f.

26  Schelling, Friedrich Wilhelm Joseph: *Schriften zur Naturphilosophie.* Zweiter Band, München 1992, S. 125.

27  Udo Bermbach beschreibt dies so: »Es ist ein wahrhaft grandioser Anfang, den Wagner da seinem opus magnum schreibt, musik- und sprachgewordene Geburt der Welt aus Ort- und Zeitlosigkeit.« *Wahn des Gesamtkunstwerks,* S. 279.

28  Schelling: *Naturphilosophie,* Band 2, S. 120.

29  Platon: *Werke,* Band V, S. 160.

30  Wagner, R.: *Ges. Schriften,* Band 2, S. 172.

31  Glasenapp, Carl Friedrich: *Richard Wagner.* Band II, S. 348f.

32  Wagner, R.: *Briefe an Röckel,* S. 36.

33  Wagner, Cosima: *Die Tagebücher, Band 1,* 1976, S. 1037f.

## Harmoniebrechung als Weltschöpfung

1  Mayer, Hans: *Richard Wagner in Bayreuth. 1876–1976.* Stuttgart 1976, S. 201.

2  Bermbach, U.: *Ansichten des Mythos,* S. X.

3  Wagner, R.: *Ges. Schriften,* Band 4, S. 81.

4  Wagner, R.: *Briefe an Röckel,* 1. Teil, S. 42.

5  Duerr: *Physik und Transzendenz,* S. 122.

6  Melderis: *Urknall,* S. 251ff. Dort wird erklärt, wie Lebewesen den Ordnungszustand, den wir Lebenszeit nennen, über einen längeren Zeitraum aufrechterhalten können.

7  Lorenz, Alfred: *Das Geheimnis der Form bei Richard Wagner. Der Musikalische Aufbau des Bühnenfestspieles »Der Ring des Nibelungen«.* Tutzing 1966, S. 292.

8  Wagner, R.: *Briefe an Röckel,* I. Teil, S. 42.

9  Hegel, Georg, W. F.: *Sämtliche Werke. Jubiläumsausgabe in 20 Bänden.* Hrsg. von Hermann Glockner, Band 14. Stuttgart 1939, S. 133.

10  Adorno, Theodor W.: *Versuch über Wagner.* Frankfurt/M. 1974, S. 42.
11  Wagner, R.: *Ges. Schriften,* Band 10, S. 241f.
12  Ebd., Band 2, S. 171.
13  Bauer, Oswald G.: Ferne und Nähe. Inszenierungsprobleme des Mythos. In: Bermbach, U.: *Ansichten des Mythos,* S. 93.
14  Wheeler, John A.: *Gravitation und Raumzeit.* Heidelberg 1991, S. 57.
15  Hübner: *Wahrheit des Mythos,* S. 390.
16  Müller, Heiner: *Opernwelt,* September 1993.
17  Nietzsche: *Sämtliche Werke.* Band 1, S. 432.

## Endloser Neuanfang oder ewiges Ende

1  Snow: *The Two Cultures,* S. 14f.
2  Graßmann, Hans: *Alles Quark? Ein Physikbuch.* Berlin 1999, S. 231f.
3  Wilde: *Bildnis,* S. 101.
4  An dieser Stelle muß auf die endlosen Auseinandersetzungen unter Astronomen über den genauen Wert der Hubble-Konstante hingewiesen werden. Die unterschiedlichen Weltalter, die sich dann daraus berechnen lassen, sind eine Spezialität für Experten und haben mit der Richtigkeit des Prinzips nichts zu tun.
5  Das wirkliche Alter des Universums ist etwas geringer als die charakteristische Expansionszeit, weil die Galaxien unter dem Einfluß ihrer gegenseitigen Anziehung langsamer werden müßten. Das Universum ist auf jeden Fall weniger als 20 Milliarden Jahre alt. Derzeit geht man von etwa 15 Milliarden Jahren aus. Neueste astronomische Beobachtungen weisen aber darauf hin, daß die derzeitige Expansionsgeschwindigkeit eher zunimmt, obwohl sie wegen der gegenseitigen Anziehungskraft der Materie eigentlich abnehmen müßte.
6  Wagner, R.: *Ges. Schriften,* Band 2, S. 77.
7  Schelling: *Naturphilosophie,* Band 2, S. 116.
8  Weizsäcker, Carl Friedrich von: *Die Geschichte der Natur.* Göttingen 1970, S. 35.
9  Schelling: *Naturphilosophie,* Band 2, S. 126.

10  Bermbach, U.: *Wahn des Gesamtkunstwerks*, S. 311.
11  Wagner, R.: *Briefe an Röckel*, S. 68.
12  Wagner, C.: *Die Tagebücher, Band 2*, S. 39.
13  Hübner: *Wahrheit des Mythos*, S. 445.
14  Wagner, R.: *Briefe an Röckel*, S. 65.
15  Ders.: *Ges. Schriften*, Band 10, S. 121.


*Enden sah ich die Welt*


1  Einzelheiten und eine ausführliche Diskussion findet der Leser in Martin Rees: *Vor dem Anfang*, S. 172 ff.
2  Newman: *Study of Wagner*, S. 250.
3  Chamberlaine, Houston Stewart: *Das Drama Richard Wagner*. Leipzig 1892, S. 97.
4  Newman, Ernest: *The Wagner Operas*. New York 1975, S. 448.
5  Wagner, Richard: *Mein Leben. Einzige vollständige Ausgabe*. 2 Bde. Hrsg. von Martin Gregor-Dellin, Band 1. München 1969, S. 394.
6  Wagner, R.: *Sämtliche Briefe*, Band 4, Leipzig 1979, S. 175.
7  Wagner, C.: *Die Tagebücher, Band 2*, S. 1064.
8  Wagner, R.: *Sämtliche Briefe*, Band 2, Leipzig 1970, S. 653.
9  Wagner C.: *Die Tagebücher, Band 2*, S. 1290.


DRITTER TEIL: DIE RELATIVITÄTSTHEORIE IM MYTHOS. *PARSIFAL*

*Vorbemerkung*


1  Wagner, C.: *Die Tagebücher, Band 2*, S. 1093.
2  Newman, Ernest: *The Life of Richard Wagner. IV Bände*, Band IV. London 1976, S. 603.
3  Ebd.
4  Wagner, C.: *Die Tagebücher, Band 2*, S. 339.
5  Lorenz: *Der Ring des Nibelungen*, S. 292.

# Raum und Zeit, das verfluchte Thema

1 Wagner, C.: *Die Tagebücher, Band 1*, S. 1098.
2 Mayer, Hans: Erlösung dem Erlöser. Programmheft *Parsifal*, Staatsoper, Berlin 1992, S. 25.
3 Wagner, C.: *Die Tagebücher, Band 2*, S. 1028.
4 Newman: *Life of Wagner*, Band IV, S. 666.
5 Melderis: *Urknall*, S. 139.
6 Einstein, Albert: *Grundzüge der Relativitätstheorie*. Braunschweig 1990, S. 14.
7 Pais: *Albert Einstein*, S. 137.
8 Ebd., S. 3.
9 Wagner, C.: *Die Tagebücher, Band 1*, S. 1074.
10 Glasenapp: *Richard Wagner*, Band VI, S. 19.
11 Wagner, C.: *Die Tagebücher, Band 1*, S. 1074.
12 Persönliche Mitteilung von Dr. Sven Friedrich, Direktor des »Richard Wagner Museums«, Bayreuth.
13 Wagner, C.: *Die Tagebücher, Band 1*, S. 1078.
14 Ebd., S. 638.
15 dies., *Die Tagebücher, Band 2*, S. 454.
16 Schopenhauer: *Werke*, Band 1, S. 370.
17 Ebd., S. 369.
18 Wagner, C.: *Die Tagebücher, Band 2*, S. 160f.
19 Ebd., S. 830f.
20 Wagner, R.: *Ges. Schriften*, Band 10, S. 255.
21 Wagner, C.: *Die Tagebücher, Band 2*, S. 625.
22 Ebd., S. 721f.
23 Stein, Heinrich von: *Idee und Welt*. Stuttgart 1940, S. 87.
24 Einstein: *Relativitätstheorie*, S. 5.
25 Goenner, Hubert: *Einführung in die spezielle und allgemeine Relativitätstheorie*. Heidelberg 1996, S. 1.
26 Wagner, Richard: *Richard Wagner an Mathilde Wesendonk. Tagebuchblätter und Briefe. 1853–1871*. Berlin 1904, S. 242.
27 Newman: *Life of Wagner*, Band IV, S. 602.
28 Glasenapp: *Richard Wagner*, Band VI, S. 14.
29 Nietzsche: *Sämtliche Werke*, Band 1, S. 434.
30 Friedrich: *Das auratische Kunstwerk*, S. 155.
31 Wagner, R.: *Ges. Schriften*, Band 9, S. 131.

32  Wagner, C.: *Die Tagebücher, Band* 2, S. 592.
33  Wagner, R.: *Wesendonk-Briefe*, S. 242.
34  Wagner, C.: *Die Tagebücher, Band* 2, S. 705.
35  Ebd., S. 669.
36  Weizsäcker, Carl Friedrich von: *Aufbau der Physik*. München 1985, S. 396.
37  Ebd., S. 397.
38  Minkowski, Hermann: »Raum und Zeit«. In: Lorentz, Hendrik A. et al. (Hrsg.): *Das Relativitätsprinzip*. Stuttgart 1982, S. 54.
39  Kunze, Stefan: *Der Kunstbegriff Richard Wagners*. Regensburg 1983, S. 218f.
40  Wagner, R.: *Ges. Schriften*, Band 6, S. 369.
41  Grassi: *Kunst und Mythos*, S. 43.
42  Schopenhauer: *Sämtliche Werke*, Band 1, S. 33.
43  Weizsäcker: *Aufbau der Physik*, S. 397.
44  Wheeler: *Gravitation und Raumzeit*, S. 57.
45  Glasenapp: *Richard Wagner*, Band VI, S. 12.
46  Tappert, Wilhelm: *Richard Wagner, sein Leben und seine Werke*. Elberfeld 1883, S. 95.
47  ders., *Richard Wagner im Spiegel der Kritik. Wörterbuch der Unhöflichkeit*. Leipzig 1903, S. 63.

## Bewegung, Verwandlung und Kausalität

1   Mayer, Hans: *Erlösung dem Erlöser*, S. 25.
2   Nietzsche, Friedrich: *Sämtliche Werke*, Band 1, S. 431.
3   Einstein: *Relativitätstheorie*, S. 41.
4   Wagner, R.: *Ges. Schriften*, Band 3, S. 37.
5   Ebd., S. 37f.
6   Platon: *Werke*, Band I, S. 99.
7   Tappert: *Richard Wagner und sein Leben*, S. 96
8   Schopenhauer: *Sämtliche Werke*, Band 1, S. 499.
9   Ebd., S. 492.
10  Wagner, R.: *Briefe an Röckel*, S. 59.
11  Melderis: *Tod und Unsterblichkeit*, S. 35.
12  Wagner, C.: *Die Tagebücher, Band* 2, S. 1060.

VIERTER TEIL: DER MYTHOS IN DER
NATURWISSENSCHAFTLICHEN WELTDEUTUNG
*Ästhetik in der Naturwissenschaft*

1 Born: *Relativitätstheorie*, S. 287.
2 Hübner: *Mythos*, S. 366.
3 Platon: *Werke*, Band V, S. 154.
4 Kant: *Werke*, Band I, S. 228.
5 Eggebrecht, Hans Heinrich: *Musik im Abendland*. München 1999, S. 611.
6 Pais: *Albert Einstein*, S. 137.
7 Born: *Relativitätstheorie*, S. 298.
8 Pais: *Albert Einstein*, S. 475.
9 Ebd., S. 138.
10 Rees: *Geschichte des Universums*, S. 73.
11 Weizsäcker, Carl Friedrich von: *Große Physiker*. München 1999, S. 302.
12 Darwin: *Origin of Species*, S. 468.
13 Lorentz, Hendrik Antoon: *Brief an Albert Einstein*. Albert Einstein und Museum Boerhaave. Leiden 1993, S. 37.
14 Born: *Relativitätstheorie*, S. 156.
15 Melderis: *Urknall*, S. 123.
16 Rees: *Geschichte des Universums*, S. 92.
17 Einstein: *Albert Einstein und Museum Boerhaave*, S. 18 u. 20.
18 Planck, Max: *Sinn und Grenzen der exakten Naturwissenschaften. Religion und Naturwissenschaft*. Opladen 1947, S. 19.
19 Weizsäcker: *Geschichte der Natur*, S. 45.
20 Graßmann: *Alles Quark?*, S. 280f.
21 Weizsäcker: *Aufbau der Physik*, S. 257.
22 Melderis: *Urknall*, S. 122f.
23 Cronin, Helena: *The Ant and the Peacock. Altruism and sexual Selection from Darwin to today*. Cambridge 1991, S. 113.
24 Ebd., S. 183.
25 Watson, James, D.: *Die Doppelhelix*. Reinbek bei Hamburg 1997, S. 196.
26 Nietzsche: *Sämtliche Werke*, Band 1, S. 17.
27 Rees: *Geschichte des Universums*, S. 129.

## Geschichte in der Naturwissenschaft

1   Schelling: *Naturphilosophie*, Band 2, S. 125.
2   Münch, Guido et al. (Hrsg.): *The Universe at large. Key issues in astronomy and cosmology.* Cambridge 1997, S. 53.
3   Thorne, Kip, S.: *Black Holes and Time Warps.* New York 1994, S. 521.
4   Goenner, Hubert: *Einsteins Relativitätstheorien. Raum, Zeit, Masse, Gravitation.* München 1999, S. 37.
5   Rees: *Geschichte des Universums*, S. 72.
6   Weizsäcker: *Geschichte der Natur*, S. 42.
7   Burkert, Walter: *Griechische Religion der archaischen und klassischen Epoche.* Stuttgart 1977, S. 193.
8   Steve, Marie-Joseph: *Vorgeschichte.* Weltbild Weltgeschichte, Band 1. Frankfurt/M. 1998, S. 33.
9   Schrödinger, Erwin: *Mein Leben, meine Weltsicht.* Vorwort von Auguste Dick. Brief an Franz Theodor Csokor. Wien 1985, Vorsatz.
10  Ebd., S. 47.

# Bibliographie

Adorno, Theodor W.: *Versuch über Wagner*. Frankfurt/M.: Suhrkamp Verlag 1974.

Aristoteles: *Poetik*. Stuttgart: Philipp Reclam Jun. 1999.

Barrow, John D.: *The Artful Universe*. Oxford: Oxford University Press 1995.

Bekker, Paul: *Wagner. Das Leben im Werk*. Stuttgart: Deutsche Verlagsanstalt 1924.

Bermbach, Udo: *Der Wahn des Gesamtkunstwerks. Richard Wagners politisch-ästhetische Utopie*. Frankfurt/M.: Fischer Verlag 1994.

ders.: *Wo Macht ganz auf Verbrechen ruht. Politik und Gesellschaft in der Oper*. Hamburg: Europäische Verlagsanstalt 1997.

ders.: *In den Trümmern der eigenen Welt. Richard Wagners »Der Ring des Nibelungen«*. Berlin: Dietrich Reimer Verlag 1989.

Bermbach, Udo und Dieter Bochmeyer (Hrsg.): *Richard Wagner »Der Ring des Nibelungen«. Ansichten des Mythos*. Stuttgart: Metzler Verlag 1995.

Borchmeyer, Dieter: *Goethe. Der Zeitbürger*. München: Hanser Verlag 1999.

Born, Max: *Die Relativitätstheorie Einsteins*. Berlin: Springer Verlag 1969.

Breuer, Reinhard (Hrsg.): *Immer Ärger mit dem Urknall. Das kosmologische Standardmodell in der Krise*. Reinbek bei Hamburg: Rowohlt Verlag 1993.

Chamberlaine, Houston S.: *Das Drama Richard Wagners'. Eine Anregung*. Leipzig: Breitkopf und Härtel Verlag 1892.

ders.: *Richard Wagner*. München: Bruckmann Verlag 1910.

Cooke, Deryck: *I Saw The World End. A study of Wagners' Ring*. London: Oxford University Press 1979.

Darwin, Charles: *The Origin of Species and the Descent of Man*. New York: Random House o.J.

Dürr, Hans-Peter (Hrsg.): *Der Wissenschaftler und das Irrationale. IV Bände*. Frankfurt/M.: Syndikat, Europäische Verlagsanstalt 1985.

ders.: *Physik und Transzendenz*. Bern: Scherz Verlag 1986.

Du MoulinEckart, Richard: *Cosima Wagner. Ein Lebens- und Charakterbild*. Berlin: Drei Masken Verlag 1929.

Eggebrecht, Hans Heinrich: *Musik im Abendland. Prozesse und Stationen vom Mittelalter bis zur Gegenwart*. München: Piper Verlag 1991.

Einstein, Albert: *Grundzüge der Relativitätstheorie*. Braunschweig: Vieweg Verlag 1990.

Eliade, Mircea: *Kosmos und Geschichte*. Frankfurt/M.: Insel Verlag 1994.

Ellmann, Richard: *Oscar Wilde*. London: Hamish Hamilton 1988.

Frank, Manfred: *Der kommende Gott. Vorlesungen über die Neue Mythologie*. Frankfurt/M.: Suhrkamp Verlag 1982.

ders.: *Kaltes Herz. Unendliche Fahrt. Neue Mythologie*. Frankfurt/M.: Suhrkamp Verlag 1989.

Friedrich, Sven: *Das auratische Kunstwerk. Zur Ästhetik von Richard Wagners Musiktheater-Utopie*. Tübingen: Max Niemeyer Verlag 1996.

Glasenapp, Carl Friedrich: *Das Leben Richard Wagners in sechs Büchern*. Leipzig: Breitkopf und Härtel Verlag 1905.

Goenner, Hubert: *Einführung in die Kosmologie*. Heidelberg: Spektrum Verlag 1994.

ders.: *Einführung in die spezielle und allgemeine Relativitätstheorie*. Heidelberg: Spektrum Verlag 1996.

ders.: *Einsteins Relativitätstheorien. Raum, Zeit, Masse, Gravitation*. München: Beck Verlag 1999.

Goethe, J.W.: *Gedenkausgabe der Werke, Briefe und Gespräche*. Hrsg. von Ernst Beutler. Zürich: Artemis Verlag 1977.

Goethe, J.W.: *Goethes Werke. Hamburger Ausgabe in 14 Bänden*. Durchgesehen und kommentiert von Erich Trunz. München: Beck Verlag 1999.

Grassi, Ernesto: *Kunst und Mythos*, Reinbek bei Hamburg: Rowohlt Verlag 1957.

Graßmann, Hans: *Alles Quark? Ein Physikbuch*. Berlin: Rowohlt Verlag 1999.

Greene, Brian: *The elegant Universe*. New York: W. W. Norton and Comp. 1999.

218

Gregor-Dellin, Martin: *Richard Wagner. Sein Leben. Sein Werk. Sein Jahrhundert.* München: Piper Verlag 1980.

Gribbin, John: *Schrödingers Kätzchen und die Suche nach der Wirklichkeit.* Frankfurt/M.: S. Fischer Verlag 1996.

Gurlitt, Wilibald, (Hrsg.): *Riemann Musik Lexikon.* 3 Bände. Mainz: B. Schott's Söhne 1961.

Hahn, Otto: *Mein Leben.* München: Bruckmann Verlag 1968.

Hanslick, Eduard: *Vom Musikalisch-Schönen.* Leipzig: Ambrosius Barth Verlag 1902.

Hawking, Stephen: *Black Holes and Baby Universes.* London: Bantam Press 1993.

Hegel, Georg Wilhelm Friedrich: *Sämtliche Werke. Jubiläumsausgabe in 20 Bänden.* Stuttgart: Frommans Verlag 1941.

Heisenberg, Werner: *Physik und Philosophie.* Berlin: Ullstein Verlag 1959.

ders.: *Der Teil und das Ganze. Gespräche im Umkreis der Atomphysik.* München: Deutscher Taschenbuchverlag 1976.

Horkheimer, Max und Theodor W. Adorno: *Dialektik der Aufklärung.* Frankfurt/M.: S. Fischer Verlag 1973.

Hübner, Kurt: *Die Wahrheit des Mythos.* München: Beck Verlag 1985.

Kaku, Michio: *Introduction to Superstrings.* New York: Springer Verlag 1990.

Kant, Immanuel: *Werke.* 6 Bände. Hrsg. von Wilhelm Weischedel. Wiesbaden: Insel Verlag 1960.

Kapp, Julius: *Der junge Wagner. Dichtungen, Aufsätze Entwürfe. 1832–1849.* Berlin: Schuster und Loeffler 1910.

Kesting, Hanjo (Hrsg.): *Franz Liszt – Richard Wagner. Briefwechsel.* Frankfurt/M.: Insel Verlag 1988.

Kesting, Jürgen: *Maria Callas.* Düsseldorf: Econ Verlag 1991.

Kleist, Heinrich von: *Werke und Briefe.* 5 Bände. Hrsg. von Erich Schmidt. Leipzig: Bibliographisches Institut o.J.

Koch, Max: *Richard Wagner.* 3 Bände. Berlin: Ernst Hofmann Verlag 1907.

Kunze, Stefan: *Der Kunstbegriff Richard Wagners.* Regensburg: Gustav Bosse Verlag 1983.

Lewin, Michael (Hrsg.): *Der Ring. Bayreuth 1988–1992.* Hamburg: Europäische Verlagsanstalt 1991.

Loos, Paul A.: *Richard Wagner. Vollendung und Tragik der deutschen Romantik*. München: Lehnen Verlag 1952.

Lorenz, Alfred: *Der Musikalische Aufbau des Bühnenfestspieles »Der Ring des Nibelungen«. Das Geheimnis der Form bei Richard Wagner*. Tutzing: Hans Schneider Verlag 1966.

Ludwig, Emil: *Wagner oder Die Entzauberten*. Berlin: Lehmann Verlag 1919.

Mann, Thomas: *Gesammelte Werke in dreizehn Bänden*. Frankfurt/M.: S. Fischer Verlag 1974.

Mayer, Hans: *Richard Wagner in Bayreuth. 1876–1976*. Stuttgart: Belser Verlag 1976.

Melderis, Hans: *Der biologische Urknall. Entstehung von Kosmos und Leben aus der Bewegung*. Hamburg: Europäische Verlagsanstalt 1999.

ders.: Tod und Unsterblichkeit. Die Identität von Leben und Tod in Richard Wagners Tristan und Isolde. In: *Progammheft Bayerische Staatsoper* zur Premiere Tristan und Isolde, S. 32–40. München 1998.

ders.: »Dr. med. Anton Pusinelli: Richard Wagners Dresdener Hausarzt«. In: *Hamburger Ärzteblatt* 12/99, S. 562–563.

Müller, Ulrich und Wapnewski, Peter (Hrsg.): *Richard-Wagner-Handbuch*. Stuttgart: Kröner Verlag 1986.

Münch, Guido et al. (Hrsg.): *The Universe at large. Key issues in astronomy and cosmology*. Cambridge: Cambridge University Press 1997.

Nattiez, Jean-Jacques: *Tétralogie Wagner, Boulez, Chéreau. Essai sur l'infidélité*. Paris: Christian Bourgois 1983.

Neumann, Angelo: *Erinnerungen an Richard Wagner*. Leipzig: Staackmann Verlag 1907.

Newman, Ernest: *The Life of Richard Wagner*. 4 Bände. London: Cassell and Company 1976.

ders.: *A Study of Wagner*. New York: Vienna House 1974.

ders.: *Wagner as Man and Artist*. London: Bodley Head 1925.

ders.: *The Wagner Operas*. New York: Alfred A. Knopf 1975.

Niemann, Walter: *Die Musik seit Richard Wagner*. Berlin: Schuster und Loeffler Verlag 1913.

Nietzsche, Friedrich: *Sämtliche Werke. Kritische Studienausgabe in 15 Bänden*. Hrsg. von G. Colli und M. Montinari. Berlin: Walter de Gruyter Verlag 1967.

Oberkogler, Friedrich: *Richard Wagner. Vom Ring zum Gral. Wiederge-*

*winnung seines Werkes aus Musik und Mythos.* Stuttgart. Verlag Freies Geistesleben 1978.

Pais, Abraham: »*Raffiniert ist der Herrgott ...*« *Albert Einstein.* Braunschweig: Vieweg Verlag 1986.

Peat, F. David: *Superstrings and the Search for the Theory of Everything.* Chicago: Contemporary Books 1989.

Planck, Max: *Sinn und Grenzen der exakten Wissenschaft. Religion und Naturwissenschaft. Zwei Vorträge.* Opladen: Middelhauve Verlag 1947.

Platon: *Sämtliche Werke in VI Bänden.* Übersetzung von Friedrich Schleiermacher, hrsg. von Walter Otto, Ernesto Grassi und Gert Plamböck. Reinbek bei Hamburg: Rowohlt Verlag 1961.

Rees, Martin: *Vor dem Anfang. Eine Geschichte des Universums.* Frankfurt/M.: Fischer Verlag 1999.

Schelling, Friedrich W. J.: *Schellings Werke* nach der Orig.-Ausg. In neuer Anordnung hrsg. von Manfred Schröter. München: C. H. Beck 1992.

Schopenhauer, Arthur: *Sämtliche Werke in 5 Bänden.* Leipzig: Insel Verlag o. J.

Schreiber, Ulrich: *Opernführer für Fortgeschrittene. Eine Geschichte des Musiktheaters.* Kassel: Bärenreiter Verlag 1988.

Schrödinger, Erwin: *Mein Leben, meine Weltansicht.* Vorwort von Auguste Dick. Wien: Zsolnay Verlag 1985.

Snow, Charles Percy: *The Two Cultures.* Introduction by Stefan Collini. Cambridge: Cambridge University Press 1998.

Stein, Heinrich von: *Idee und Welt.* Stuttgart: Kröner Verlag 1940.

Tappert, Wilhelm: *Richard Wagner.* Elberfeld: Sam. Lucas Verlag 1883.

ders.: *Richard Wagner im Spiegel der Kritik. Wörterbuch der Unhöflichkeit.* Leipzig: C. F. Sieges' Verlag 1903.

Thorne, Kip S.: *Black Holes and Time Warps. Einsteins' outrageous Legacy.* New York: Norton 1994.

Voss, Egon: *Studien zur Instrumentation Richard Wagners.* Regensburg: Gustav Bosse Verlag 1970.

Wagner, Cosima: *Die Tagebücher. 2 Bände.* Hrsg. und kommentiert von Martin Gregor-Dellin und Dietrich Mack. München: Piper Verlag 1976–1977.

dies.: *Cosima Wagner. Das zweite Leben. Briefe und Aufzeichnungen. 1883–1930.* Hrsg. von Dietrich Mack. München: Piper Verlag 1980.

dies.: *Cosima Wagner und Houston Stewart Chamberlaine im Briefwech-*

*sel 1888–1908.* Hrsg. von Paul Pretzsch. Leipzig: Philipp Reclam jun. Verlag 1934.

Wagner, Richard: *Gesammelte Schriften und Dichtungen.* 10 Bände. Leipzig: E.W. Fritzsch Verlag 1871–1883.

ders.: *Briefe an August Röckel.* Eingeführt durch La Mara. Leipzig: Breitkopf und Härtel Verlag 1894.

ders.: *Fünfzehn Briefe von Richard Wagner. Nebst Erinnerungen und Erläuterungen von Eliza Wille, geb. Sloman.* Berlin: Gebrüder Paetel Verlag 1894.

ders.: *Mein Leben.* 2 Bände. München: Bruckmann 1911.

ders.: *Mein Leben.* 2 Bände. München: List Verlag 1969.

ders.: *Richard Wagner an Mathilde Wesendonk. Tagebuchblätter und Briefe. 1853–1871.* Berlin: Alexander Duncker Verlag 1904.

ders.: *Sämtliche Briefe. Briefe der Jahre 1830–1842. 4 Bände.* Hrsg. im Auftrage der Richard Wagner Stiftung Bayreuth von Gertrud Strobel und Werner Wolf. Leipzig: Deutscher Verlag für Musik 1979.

Weizsäcker, Carl Friedrich von: *Die Geschichte der Natur.* Göttingen: Vandenhoeck und Ruprecht Verlag 1970.

ders.: *Große Physiker. Von Aristoteles bis Werner Heisenberg.* München: Hanser Verlag 1999.

Westernhagen, Curt von: *Wagner.* Zürich: Atlantis Verlag 1968.

ders.: *Die Entstehung des »Rings«. Dargestellt an den Kompositionsskizzen Richard Wagners.* Zürich: Atlantis Verlag 1973.

Wilde, Oscar: *Das Bildnis des Dorian Gray.* Deutsch von Hedwig Lachmann und Gustav Landauer. Frankfurt/M.: Insel Verlag 1985.

# Personen- und Werkregister

223

Informationen zu unseren Verlagsprogrammen finden Sie im Internet
unter www.europaeische-verlagsanstalt.de bzw. www.rotbuch.de

Die Deutsche Bibliothek – CIP-Einheitsaufnahme

Ein Titeldatensatz für diese Publikation ist bei
Der Deutschen Bibliothek erhältlich

© Europäische Verlagsanstalt/Rotbuch Verlag, Hamburg 2001
Umschlaggestaltung: + malsy, Bremen
Foto: Jean-Marie Bottequin © Bayreuther Festspiele GmbH
Motiv: Szene aus Harry Kupfers Bayreuther Inszenierung des
»Ring des Nibelungen«, 1988/1992
Signet: Dorothee Wallner nach Caspar Neher »Europa« (1945)
Herstellung: Das Herstellungsbüro, Hamburg
Satz: H & G Herstellung, Hamburg
Druck und Bindung: Clausen & Bosse, Leck
Alle Rechte vorbehalten
Printed in Germany
ISBN 3-434-50487-7